Lothar Kusche

Wie man einen Haushalt aushält

Wie man einen Haushalt aushält

von

LOTHAR KUSCHE

Eulenspiegel Verlag Berlin

ISBN 3-359-00310-1
6. Auflage

Lizenz-Nr.: 540/91/89 · LSV 7001
Einband, Vorsatz und Illustrationen: Elizabeth Shaw
Typografie: Hans-Joachim Schauß
Printed in the German Democratic Republic
Lichtsatz: INTERDRUCK Graphischer Großbetrieb — III/18/97
Reproduktionen: LVZ-Druckerei »Hermann Duncker«, Leipzig III/18/88
Buchbinderische Verarbeitung: Sachsendruck Plauen
620 062 2
00680

Der Fluch des Abwaschens

Anstelle
einer
Einleitung

Im April 1951 schrieb ein Mann mit Lebenserfahrung in einem Brief einige bemerkenswerte Sätze, und da es kein landläufiger Briefschreiber war, sondern ein mit Witz, kritischer Weltsicht und bemerkenswerten literarischen Talenten begabter Mensch, wollen mir diese Sätze besonders gewichtig vorkommen. Sie lauten:

»… für einige Zeit werden wir den Tee nachmittags ausfallen lassen; er ist eine weitere Last in einem Tag, der mit Lasten bereits überladen ist, sofern es mich betrifft. Mir scheint, daß ich den größten Teil der Kocherei übernehmen muß, bis es meiner Frau besser geht.«

»Schnelle Gerichte kann ich ziemlich gut kochen. Ich kann Steaks, Koteletts und Gemüse besser machen als im Restaurant … Aber es ist eine Plage, daran besteht kein Zweifel. Ich stehe morgens um acht Uhr auf. Bis zehn Uhr brauche ich, um für uns beide Frühstück zu machen und aufzuräumen. Dann bleibt mir bis ein Uhr Zeit, zu versuchen, etwas zu schreiben. Dann muß ich in die Stadt und einkaufen, was keine Rolle spielt, weil ich nachmittags noch nie gut arbeiten konnte. Selbst als Schüler war ich nachmittags immer tot. Dann komme ich zurück, und in dem Augenblick, wenn ich das Haus betrete, ist dieser verdammte Tee fällig …«

»Um fünf Uhr muß ich mich an die Küche machen. Dann kommt nach dem Abendessen das Geschirr. Ich glaube, ich könnte das Geschirr vom Abendessen stehenlassen – es ins Spülbecken packen oder etwas Ähnliches. Aber das und den Herd und das Spülbecken und das Abtropfbrett abwischen macht beinahe ebensoviel Mühe, wie die ganze Arbeit gleich zu machen.«

Diesen Stoßseufzer gab einer der berühmtesten Kriminalschriftsteller von sich, nämlich Raymond Chandler (in einem Brief an Mrs. Juanita Messick). Der Mann wußte, wovon er schrieb.

Ein Haushalt, so technisch perfektioniert er auch immer sein mag, ist zunächst eine Plage. Man soll sich da nichts vormachen. Natürlich gibt es Frauen, die leidenschaftlich gern Kuchen backen oder Blusen plätten, und natürlich gibt es Männer, die mit Vergnügen kochen oder Gardinenstangen anbringen oder Regale bauen, wobei sie meistens ein halbes Jahr für ein Regal benötigen, aber Leute, welche die gesamte Haushaltsarbeit wie ein Steckenpferd schätzen, gibt es nicht. Wer das Gegenteil behauptet, ist ein dummer und langweiliger Lügner, nicht wert, daß man sich mit ihm überhaupt in ein Gespräch einläßt.

»Frauen ... sagen: Ich muß nach Feierabend einkaufen gehen, Windeln waschen, Brei machen, Abendbrot auf den Tisch bringen, meinem Mann das Fernsehen einschalten, zur Wäsche-Annahmestelle gehen ... Und sonntags muß ich für die ganze Familie kochen ... – Trotzdem: Das sind keine echten Hobbys, obwohl man zugeben muß, daß es sich dabei *auch* um eine Freizeitbeschäftigung handelt. Aber das wirkliche Hobby ist mit dem Wort ›muß‹ unvereinbar ...« Das steht in einem Aufsatz von Heli*, und es ist vollkommen richtig.

Was mich angeht, so koche ich zuweilen ganz gern, und die Produkte mögen unter gewissen glücklichen Umständen auch eßbar sein, aber Bratpfannen saubermachen zu müssen ist mir genauso ekelhaft wie jedem anderen halbwegs normalen Menschen. Solche und ähnliche Verrichtungen besorgen ohne dringende Aufforderung und aus freien Stücken nur Leute, die seelisch krank sind, und denen macht so was auch keinen Spaß – sie können bloß nicht anders. Die Psychoanalytiker nennen ihr Leiden »Waschzwang«, und ein Fachmann auf diesem Gebiet** hat einmal in einem Interview gesagt, derartige Zwangsvorstellungen ließen sich vermutlich nur durch eine sogenannte große Behandlung beseitigen, deren Kosten sich beiläufig auf zehn- bis zwanzigtausend Mark belaufen dürften.

Es macht gewiß Freude, Kinder aufzuziehen; das Reinigen von Kindern indes (von dem der Nachtgeschirre gar nicht zu reden) ist auch mit gewissen Betrübnissen verbunden. Jedermann schätzt zur Winterzeit einen warmen Ofen. Aber glauben Sie ernstlich, daß einer mit großem Spaß die Asche aus

* Hobbyisten. In Hobby Hobby Reiter. Hrsg. v. Sonja Schnitzler. Berlin 1967, Eulenspiegel Verlag.

** Professor Dr. Alexander Mitscherlich, Leiter des Sigmund-Freud-Instituts in Frankfurt am Main.

dem Ofen kratzt und in einem Eimer mit undichtem Deckel über den vereisten Hof zur Mülltonne balanciert?

Ich schicke diese ausführliche Bemerkung voraus, um den freundlichen Leser darauf vorzubereiten, daß in diesem Buch nicht nur heitere, sondern auch melancholische Töne angeschlagen werden müssen.

Der Verfasser

Reinlichkeit ist keine Kleinigkeit

Nur vom Putzen wird die Welt regiert.
Frei nach Schiller
(Wallensteins Tod)

Holzringks häusliche Ordnung

Zuweilen besuchen wir unseren Freund, den Erfinder Anselm Holzringk, den ich seiner ungewöhnlichen Produktivität wegen ebenso bewundere wie beneide. Holzringk steht regelmäßig früh um fünf Uhr auf und wirkt den ganzen Tag emsig in seinem Laboratorium; er gönnt sich nur wenige, genauestens bemessene Pausen. Sein Haus blitzt vor Sauberkeit, es blendet einen geradezu, und jedes Ding findet sich an jenem Platz, den der Erfinder ihm bestimmt hat. Holzringks Garten verströmt eine ruhige Schönheit, ist aber auf eine beklemmende Weise gepflegt, so daß wir es nicht wagen, irgendwo nur ein Aschestäubchen von der Zigarette fallen zu lassen (wir werden das Gefühl nicht los, daß Holzringk seine Buchsbaumhecke jeden Morgen mit einem Staubwedel säubert).

So wird das Vergnügen, diesen vorbildlichen Mann zu besuchen, etwas getrübt, weil ich mich hinterher angesichts der Unvollkommenheiten unserer Hausstatt jedesmal für einen untüchtigen Schmutzfink halten muß.

Eines Abends bat mich unser ordnungsliebender Gastgeber in die Küche, weil wir dort einen passenden Wein zum Essen auswählen wollten, und ich stellte zu meiner nicht geringen Verblüffung fest, daß auch in diesem Raum alles von peinlichster Sauberkeit war.

»Haben Sie sich diese Möbel heute neu gekauft?« fragte ich. »Oder pflegen Sie die Küche täglich frisch zu lackieren?«

»Man kümmert sich eben um ein wenig Ordnung«, sagte Holzringk, »und ich kann nicht arbeiten, wenn ich keine Ordnung habe. Wüßte ich, daß irgendwo im Hause ein Kissen nicht aufgeschüttelt worden ist, so käme mir in meinem Laboratorium kein vernünftiger Gedanke, gelänge mir kein Handgriff. Selbst das Vorhandensein von schmutzigem Geschirr im Abwaschbekken macht mich nervös; ich finde dann weder Konzentration noch Arbeitsfreude.«

»Bewundernswert! Und in einem solchen Fall gehen Sie dann rasch in die Küche und spülen die Teller sauber?«

»Ich?« sagte der Erfinder. »Wieso ich? Sie wissen doch, daß ich verheiratet bin.«

Wie man eine Frau zum Abwaschen überredet

Frauen kann man nur zum Abwaschen überreden, indem man sie nicht zum Abwaschen überredet.

Meiner Erfahrung nach ist die einzig erfolgversprechende Methode, sie dennoch zu dieser unerfreulichen Beschäftigung zu veranlassen, diejenige, nach der man selber mit dem Abwaschen anfängt. Mit der feinen »Bleibt-ihr-nur-ruhig-sitzen-das-mache-ich-schon-das-haben-wir-gleich«-Masche injiziert man ihnen nämlich eine winzige Dosis von jenem Gift, das über kurz oder lang ihre Ehrgeiz-Drüse zum Anschwellen bringt. Die meisten Frauen bewahren nämlich in einer dunklen Ecke ihres Bewußtseins die Vorstellung aus ganz alten Zeiten auf, daß sie sauberer wären als Männer.

Nun kommt es darauf an, diese Vorstellung gewissermaßen ans Tageslicht zu befördern und zur Wirksamkeit zu bringen. Daher empfiehlt es sich, an einigen Tellern und Tassen feine Schmutzränder zu belassen oder das Geschirr nicht richtig abzutrocknen. Die Frauen, die selbstverständlich über kurz oder lang in der Küche auftauchen, weil auch die faulsten Frauen meistens recht neugierig sind, werden die Abwasch-Mängel *sofort* entdecken. Es spielt hierbei übrigens überhaupt keine Rolle, ob die Kritikerin kurzsichtig ist oder nicht; selbst Damen, die ein Dreivierteljahr lang ungestört und froh unter einigen von der Zimmerdecke herabhängenden Spinnweben zu leben vermögen, übersehen niemals den Kaffeekrümel an einer von männlicher Hand gespülten Tasse. Sollte sich nun immer noch keines der zur Verfügung stehenden weiblichen Wesen an den Abwasch heranmachen, so lasse man rasch einen Teller fallen oder zerbreche einen Kannendeckel. Notfalls schneide man sich dabei in den Finger. Viele Frauen sehen gern alles, was sie nur auf irgendeine Weise zu sehen kriegen können — ausgenommen Blut.

Alsdann wird man mit neunzigprozentiger Sicherheit ins Wohnzimmer beurlaubt, vorher allerdings je nach Temperament mehr oder weniger stark als Tolpatsch beschimpft. Aber das ist natürlich auf alle Fälle angenehmer als irgendein verdammter Abwasch.

•••••

Frage: Soll man Geschirr statt in einer FIT- oder OTROC-Lösung auch in einer solchen aus LANEU oder einem anderen Feinwaschmittel abwaschen? Meine Oma macht das immer und verbraucht auf diese Weise 17,50 M im Monat.

Antwort: Ihre einfallsreiche Oma sollte es mal mit Ei-Shampoon versuchen, wobei ich zur Nachwäsche Kölnischwasser und zum Spülen leicht verdünnten Primasprit empfehlen möchte. Bei Befolgung dieses Ratschlages kämen Sie spielend auf monatliche Unkosten für Abwasch-Zutaten in Höhe von etwa 150,– M.

Die Männer mit den kurzen Armen

Vor längerer Zeit gingen wir zu einer Theaterpremiere und während dieser in der Pause zum Rauchen auf die Straße, weil man in unseren Theater-Foyers nicht rauchen darf. Dieses Verbot rührt daher, daß unsere Theater-Foyers im allgemeinen aus Zunder gebaut sind und von Gardinen geschmückt werden, die man aus Schießbaumwolle gewebt hat, die Säulen dagegen bestehen aus reinem Kohlenanzünder.

Unversehens trat ein anscheinend ganz gut erzogener Mann auf uns zu und fragte, ob er eine Minute mit mir sprechen dürfe; es sei nicht unwichtig. Schon aus reiner Neugierde war meine Frau damit einverstanden. »Mein Name ist Peddingsen«, sagte der Mann, »ich beobachte Sie schon den ganzen Abend.« Also Detektiv oder so was. Äußerst schmeichelhaft.

»Bester Herr Peddingsen«, sagte ich, »weshalb machen Sie sich solche Mühe? Ich gebe Ihnen gern jede gewünschte Auskunft über mich, über meine Arbeit und über meine Absichten. Mein letztes Buch ist soeben vor sechs Monaten erschienen und war im Handumdrehen nicht vergriffen. Meine Frau und ich planen schon seit langem, in Kürze ...«

»Sehr interessant«, unterbrach Peddingsen, »aber meine Aufmerksamkeit gilt Ihren Armen. Ich sehe doch, daß Sie unausgesetzt an Ihren Hemdsärmeln herumzumpeln. Reden wir offen von Mann zu Mann! Ihre Hemdsärmel sind zu lang – beziehungsweise Ihre Arme sind zu kurz. Und deswegen bin ich zu Ihnen gekommen.«

»Was geht Sie denn das an?« erkundigte sich meine Frau unfreundlich, aber bestimmt. »Mein Mann trägt die Hemdsärmel so lang, wie er will. Er könnte noch weit längere Ärmel haben, zwei Meter, drei Meter, ganz nach Wunsch. Für wen halten Sie ihn denn?«

»Für einen Leidensgenossen«, sagte Peddingsen, »auch meine Ärmel sind zu lang, auch meine Arme zu kurz. Aber was kann ich allein schon bewirken! Also suche ich Männer, die mein Schicksal teilen, um mit ihnen gemeinsam etwas zu unternehmen. Der Mensch verändert die Welt und unterwirft sich die Natur, wie Sie vielleicht wissen. Eventuell läßt sich auch mit den zu langen Hemdsärmeln etwas machen.«

»Die Minute ist um!« erklärte meine Frau und zog mich wieder in das Theater. Aber Peddingsen blickte uns starr hinterher, in seinen Augen glühte ein kalter Fanatismus, und ich *wußte*, daß er wiederkommen würde. Er kam auch wieder; schon wenige Tage später erschien er in meinem Büro. »Hier sind wir ungestört«, sagte er, »denn was versteht eine Frau schon von Hemdsärmeln! Die Oberhemdenkonfektion, das können Sie mir glauben, macht uns mit diesen langen Hemdsärmeln vollkommen fertig. Was glauben Sie wohl, weshalb es heutzutage so viele neurotische Erkrankungen gibt? Wegen der Beanspruchung im Berufsleben? Wegen des Lärms? Wegen des ungesunden Lebens? Alles Quatsch! Diese allzu langen Ärmel sind daran schuld. Die Wäschekonfektion hat ihre Maße bei Affen abgenommen, bei ganz gewöhnlichen Affen. Verstehen Sie mich bitte nicht falsch – ich habe nichts gegen *Affen als solche*. Ich bin Förderer des Tierparks, und ich weiß sehr wohl, daß wir vor einiger Zeit alle mal Affen gewesen sind, jedenfalls was die Länge unserer

Arme betrifft. Nur die Konfektion weiß noch nicht, daß sich inzwischen einiges geändert hat. Daher diese Ärmel. Doch als Bürger unserer Republik lehne ich es ab, mir Einweck-Gummiringe um die Oberarme zu schnallen. Am Anfang bin ich darauf reingefallen, daß mir jeder Verkäufer einreden wollte, ich hätte nun einmal besonders kurze Arme, und da könnte man nichts machen, aber dann habe ich Umfragen veranstaltet, und es stellte sich heraus, was ich schon immer vermutet hatte: daß nämlich jeder andere Mann, den ich fragte, genau das gleiche von den Verkäufern gesagt kriegte. Wenn man aber schon gegen die kurzen Arme angeblich nichts machen kann (was ich auch noch bezweifeln möchte), so wird man doch wohl gegen die langen Ärmel etwas machen können!«

Und so gründeten Peddingsen und ich die IGEKAM, die Interessengemeinschaft kurzarmiger Männer, die nach einigem Hin und Her zwischen der Gesellschaft für Sport und Technik und dem Deutschen Kulturbund direkt der Aufsicht der örtlichen Volkswirtschaftsorgane unterstellt wurde. Peddingsen wurde Generalsekretär, ich Präsident. Als erstes ließ ich mir Briefbogen drucken:

IGEKAM
— *Der Präsident* —

(Handgeschöpft Buetten Spechthausen 1781), und dann ging's los.

Peddingsen hatte tatsächlich recht gehabt. Innerhalb von sechs Wochen zählten wir weit über siebenhunderttausend eingeschriebene Mitglieder. Da jeder fünf Pfennig Einschreibegebühr zahlte, konnte ich auch die Rechnung für das Briefpapier begleichen.

Mit unserem IGEKAM-Gruß »Arm frei!« rückten wir dem Deutschen Mode-Institut, der VVB Konfektion, dem DIA Ärmel und Manschetten und anderen Organen auf die Bude. Der leitende Sachbearbeiter der Kammer für Schnittmustertechnik schrieb uns allerdings: »Werte Kollegen! Natürlich sind wir immer für Anregungen und für Kritik, und ohne dieselben könnten wir gar nicht leben. Doch muß natürlich eine Kritik auch von den entsprechenden Grundkenntnissen der Technologie getragen sein, die Ihnen offenbar fehlen. Oberhemdenärmel werden auf Oberhemdenärmelhubspindeln elektronisch verschweißt. Wir können doch nicht über Nacht alle Spindeln über Bord werfen. Kürzere Ärmel — das würde bedeuten: neue Apparate!«

Diesem praktizistischen Argument begegneten wir mit unserer Parole: *»Kürzere Ärmel – mehr Ärmel!«*, die zum erstenmal von Heinz Beermann in der Unterhaltungssendung »Hier krempelt der Bär die Ärmel auf« verkündet wurde; die drei Mikroärmelisten sangen den Refrain.

Um es kurz zu machen: nach wenigen Monaten wurde die Oberhemdenproduktion umgestellt, sämtliche Hemdsärmel verkürzten sich auf männliche Durchschnittsmaße. Alles schien zufrieden und glücklich ... bis zu jenem Tage, an dem sich notgedrungen eine IGELAM (Interessengemeinschaft langarmiger Männer) konstituierte. Für deren Mitglieder gab es nämlich neuerdings überhaupt keine passenden Hemden mehr, seit Peddingsen und seine Anhänger einen so nachhaltigen Sieg davongetragen hatten. Nun ging das ganze Theater mit umgekehrten Vorzeichen wieder von vorn los, allerdings, da die Langarmigen nur eine Minderheit bildeten, mit etwas weniger Brimborium.

Und dann – deshalb habe ich die ganze Sache nur erzählt – kam der ganz große, einmalige, unvergeßliche und unwiderrufliche Augenblick, in welchem sich Peddingsen als ein Genie ersten Ranges und als ein wahrer Wohltäter der Männerwelt erwies, indem er gewissermaßen ein textiles Ei des Columbus legte. Peddingsen wurde denn auch für seinen sensationellen Einfall sofort vom Republik-Ausschuß für Obertrikotagen-Koordination (RASCHTRIKKO) mit der »Goldenen Manschette in Dublee« dekoriert, die durch ihre solide Eloxal-Ausführung besticht.

Herrn Peddingsen war nämlich die überraschende Idee gekommen, daß man Oberhemden der gleichen Kragenweite jeweils mit kürzeren und längeren Ärmeln auf den Markt bringen könnte.

●●●●●

Frage: Daß heutzutage jedermann die Gelegenheit hat, seine schmutzigen Laken und Hemden und so weiter in große moderne Wäschereien zu schaffen, ist zweifellos ein Fortschritt. Aber seit einiger Zeit kriegen wir unsere Wäsche immer recht durchlöchert zurück, und nach den Knöpfen an den Bettbezügen können wir meistens lange suchen. Ist das vielleicht auch ein Fortschritt?

Antwort: Natürlich. Damit Ihnen aber eine wirklich fundierte Antwort zuteil wird, möchte ich den amerikanischen Satiriker *Art Buchwald* zitieren, der in seinem Buch »Is it Safe to Drink the Water?« unter anderem auch erzählt, wie er mal einen modernen Flugzeugträger besucht hat. Während der Besichtigung gab es folgenden Dialog:

» ›Hier an Bord wird nur ein einziges Gerät strengstens geheimgehalten‹, sagte der Obermaat mit der öligen Stimme. ›Und das steht unten in der Wäscherei. Die Marine hat nämlich eine neuartige Wäschemangel entwickelt, die von einem Rasenmäher mit überstarkem Motor betrieben wird. Der Apparat reißt die Sachen innerhalb von dreißig Sekunden kaputt. Früher brauchten die Männer in der Wäscherei eine Masse Zeit, weil sie unser ganzes Zeug mit den Händen zerreißen mußten. Außerdem passierte es immer wieder, daß sie versehentlich ein paar Knöpfe an den Oberhemden dran ließen. Seit wir das neue Gerät haben, kriegen wir die Hemden ohne einen einzigen Knopf zurück.‹

›Und was geschieht mit den Knöpfen?‹ fragte ich.

›Damit werden Löcher in die Socken geschossen.‹ «

Der Kummer mit dem Keller

Man könnte unseren Keller einen Schweinestall nennen, wenn es nicht unvorstellbar wäre, daß ein einigermaßen aufgeklärtes modernes Schwein bereit sein könnte, sich in diesem Keller aufzuhalten und dort seines Lebens froh zu werden. Der Mann, von dem wir den Keller übernahmen, sagte seinerzeit: »Da unten liegen noch ein paar alte Möbel und ein bißchen Knüllpapier und so was. Ich lasse Ihnen das gern da; das eignet sich ganz vorzüglich zum Anheizen.«

Das bißchen Knüllpapier entpuppte sich als ein gigantischer Haufen von nassem, verschimmeltem Zeug, etwa zwei Wagenladungen voll und meiner Meinung nach absolut unbrennbar. Die sogenannten alten Möbel aber sind

undefinierbare Gebilde aus einem eisenharten Spezialholz, wie es wahrscheinlich zu Admiral Nelsons Zeiten zum Schiffbau verwendet worden ist, und um das kleinzukriegen, müßte ich eine mit Atomkraft betriebene Diamantensäge haben; die habe ich aber nicht. Mir kam die Idee, den ganzen Krempel direkt im Keller zu verbrennen, weil unsere Wohnung sehr fußkalt ist, doch unser Freund Emil riet davon ab, weil er fand, daß bei einem solchen Experiment wahrscheinlich das ganze Haus draufgehen würde. Emil ist ein Fachmann, der sich auf Häuser und Mauerwerk versteht. Er ging mit uns hinunter und sagte: »Wenn man wissen will, was man von einem Haus zu halten hat, muß man mit dem Fuß kurz an die Kellerwand treten. Bröckelt der Putz ab, so empfiehlt es sich, unverzüglich eine neue Wohnung zu besorgen.« Dann trat er kurz, und es bröckelte, doch konnten wir Emil glücklicherweise noch unter dem Putzhaufen hervorzerren. Nun, und mit neuen Wohnungen ist es bei uns bekanntlich nicht so einfach.

Inzwischen hat sich der pulverisierte Putz mit Molekülen schimmelnden Papiers und dem Kohlenstaub vieler Jahre zu einem sonderbaren Gemisch vereinigt, das zu durchwaten nicht jedermanns Sache ist. Allemal, wenn die Kohlenmänner neue Brikettstapel gegen die Mauern ballern, wird es uns ganz weihnachtlich zumute; leise rieselt der Kalk – warte nur, 's Christkind kommt bald. Mir wäre es schon recht, wenn das Christkind oder sonst jemand bald vorbeikäme, um unseren Keller aufzuräumen und bei dieser Gelegenheit neu zu verputzen. Indes hat sich bis jetzt noch niemand gemeldet. Man kann diese Räumlichkeit so oft und so intensiv fegen, wie man will; der Dreck bleibt stets derselbe. Es ist die reinste Sisyphusarbeit, und dergleichen lehnen wir als überzeugte Materialisten ohnehin ab.

Wir trösten uns damit, daß viele Menschen, die sonst sehr auf Ordnung und Sauberkeit bedacht sind, sich kaum oder gar nicht um ihre Keller kümmern. Um der Wahrheit die Ehre zu geben: ich kenne überhaupt nur einen *einzigen* Keller, der wirklich gepflegt ist. Das Schmuckstück gehört unserem lieben Onkel Willi, der ziemlich viel Zeit hat, weil er schon im Rentnerstand lebt, und der seinen Keller aus zwei Gründen dringend braucht: erstens als Werkstatt für seine vielfältigen Bastler-Interessen und zweitens als Refugium, in das er sich aus der Sphäre seiner Wohnung, die von den vielfachen Anordnungen und Aufträgen der geschäftigen Gattin gesättigt ist, jederzeit unauffällig zurückziehen kann.

●●●●●

Frage: Warum regnet es eigentlich immer, wenn ich gerade meine Fenster putze?

Antwort: Damit Ihre Fenster wieder dreckig werden. Ich hätte noch eine Gegenfrage: Weshalb putzen Sie denn Ihre Fenster immer dann, wenn es gerade regnet?

●●●●●

Die fortschrittliche Art, einen Teppich zu reinigen

Heutzutage ist es ganz einfach, einen Teppich zu reinigen. Wie schwer hatten es die Steinzeitmenschen, die ihre Granitteppiche mühselig mit Bimsstein und Spucke säubern mußten, weil damals das Wasser zwar schon erfunden, aber noch kaum verbreitet war! Auch in der Bronzezeit gab es, was die Pflege der buntmetallenen Fußbodenbeläge betraf, große Probleme; damals mußten die Teppiche nicht nur regelmäßig mit Sidol geputzt, sondern vor den großen Feiertagen auch stets neu bronziert werden. Und flüssige Silber- oder Goldbronze soll zu jener Zeit knapp gewesen sein.

Nach der Entdeckung der flexiblen Teppiche wurde deren Reinigung bekanntlich durch die Erfindung der Teppichklopfstange bedeutend erleichtert, die wir Dr. H. Gregor Stangel* verdanken. In stangenlosen Haushalten wurde später häufig der Versuch unternommen, Teppiche klopffrei zu säubern, indem man sie lediglich drei- bis viermal mit rauchender Schwefelsäure abrieb – ein Verfahren, das hautpsächlich auf Grund energischer Proteste der Internationalen Liga der Nichtraucher immer mehr und mehr auf Ablehnung stößt.

Aus diesen und anderen Gründen kommt der Tätigkeit solcher Betriebe wie beispielsweise der PGH »Bodenglitzer« einer außerordentliche Bedeutung zu. Die »Bodenglitzer«-Produktionsgenossen nehmen dem Kunden sämtliche Sorgen ab, die er mit einem verschmutzten Teppich haben könnte, und der Teppichbesitzer beziehungsweise -begeher hat praktisch nur noch die Aufgabe, den Teppich dreckig zu machen; eine Aufgabe mithin, der sich selbst wenig begabte Zeitgenossen im allgemeinen durchaus gewachsen zeigen. Ist der Teppich erst einmal so richtig eingesaut, so genügt ein Anruf bei »Bodenglitzer«, und die munteren Produktionsgenossenschaftshandwerker übernehmen alles andere.

Das spielt sich dann ungefähr folgendermaßen ab:

»Hier spricht Klattermann. Guten Tag. Verzeihen Sie – ich habe da einen Teppich, der gereinigt werden müßte, und da dachte ich ...«

* In diesem Zusammenhang ist vielleicht der interessante Hinweis gestattet, daß Dr. H. Gregor Stangel, ein leidenschaftlicher Garten-Amateur, in seiner Freizeit ein hierzulande bis dato unbekanntes Feingemüse züchtete: den Stangel-Spargen.

»Wann solln dis sein?«

»Wie meinen?«

»Wann solln der gereinigt —?«

»Möglichst bald natürlich. Also vielleicht in den nächsten Tagen — oder so.«

»Oi, oi, oi. Wir sind nämlich im Momang bis anne Ohren voll mit dreckige Teppiche. Warten Sie mal ... übernächsten Freitag könnte dis ... ja, müßte gehen. Ja, da könnten Sie dis Ding bringen.«

»Ich hatte mir eingebildet, Sie würden den Teppich vielleicht abholen können.«

»Abholen?«

»Ja.«

»Oi, oi, oi.«

»Er hat ein Format von drei mal vier Metern, und seitdem wir hier den Bus ohne Schaffner haben, ist es schwierig, so ein Ding wegzukriegen.«

»Na, warten Sie mal. Muß mal sehen. In drei Wochen ließe es sich einrichten, daß wir dis Ding holen. Am 24., 25. oder 26.«

»Und wann? Ich meine: zu welcher Stunde?«

»Kann ich Ihnen ganz genau sagen. Jeweils zwischen acht und sechzehn Uhr. Bloß den Tag kann ich Ihnen noch nicht genau sagen. Halten Sie sich bereit, denn wir kommen nicht gern aufs leere Nest.«

»Natürlich nicht! Wer kommt schon gern aufs leere Nest, nicht wahr! Wir werden den ganzen Tag vor der Tür stehen und Sie erwarten. Ich freue mich schon jetzt ganz toll darauf.«

»Ja. Und nun sagen Sie mir mal Ihre Adresse.« Und das tut man. Und dann sagt der Bodenglitzerer: »Nun befestigen Sie an der Unterseite des Teppichs ein Leinenetikett, auf dem in klaren und deutlichen Druckbuchstaben Ihr Name, Ihre Anschrift und unsere Auftragsnummer vermerkt ist.«

»Aber gern. Hätten Sie es lieber in Fraktur oder in Antiqua?«

»Wenns geht, in Deutsch. Aber mit Kopierstift, am besten Kopiermittel in Lila. Das hat sich sehr bewährt. Ist der Teppich stark verschmutzt?«

»Ein bißchen schon. Sonst würde ich Sie ja nicht bemühen.«

»Oi, oi, oi. Am besten, Sie klopfen ihn vorher gründlich aus. Wir kriegen sonst Ärger wegen des dreckigen Autos, das werden Sie verstehen.«

»Aber natürlich. Was kann ich sonst noch für Sie tun?«

»Na, Sie sind ja gut. *Sie* brauchen überhaupt nichts zu tun. Wir sind es doch, die alles für Sie tun; ich will mich damit nicht brüsten, denn es ist für uns eine Ehrensache, die Kunden zufriedenzustellen. Rollen Sie Ihren Teppich sorgfältig zusammen, aber nicht so locker, wenn ich bitten darf! Im Abstand von jeweils einem Meter muß der Teppich verschnürt werden — und zwar recht solide, nicht mit Papierstrippe oder Zwirnsfaden. Klar? Das ist schließlich in *Ihrem* Interesse.«

»Aber ja doch. Ich frage mich bloß ...«

»Da fragen Sie sich doch. Oder wollten Sie vielleicht *mich* noch etwas fragen?«

»Ja. Wenns so umständlich ist, könnte ich mir vielleicht Schaumreiniger aus der Drogerie holen und den Teppich selber saubermachen —?«

»Das hätten Sie doch gleich sagen können, anstatt mich so lange vollzuquatschen. Natürlich können Sie Ihren Teppich auch selber reinigen. Drei mal vier Meter — das kostet sechzehn Mark. Brauchen Sie nun bloß auf unser Konto zu überweisen: Sparkasse 24/00/919191. Auf Wiederhören.«

So einfach ist es heutzutage, einen Teppich zu reinigen. Man rufe sich ins

Gedächtnis, daß die armen Menschen in den alten Zeiten das mühselig mit Klopfer und Bürste erledigen mußten. Unsere Enkel werden sich das gar nicht mehr vorstellen können.

●●●●●

Frage: Unsere Tante Paula ist an und für sich eine liebe und gastfreundliche Dame, aber sie entnervt meine Frau und mich seit eh und je mit der ständig wiederholten Behauptung, in einem anständigen Haushalt müsse es dermaßen sauber sein, daß man vom Fußboden essen kann. Stimmt das?

Antwort: Das kommt darauf an. Was beispielsweise meine Familie betrifft, so besitzen wir glücklicherweise ein hölzernes Möbel, einen sogenannten Tisch, von dem wir zu essen pflegen.

Im übrigen möchte ich Ihnen vorschlagen, daß Sie anläßlich Ihres nächsten Besuches bei Tante Paula kurzerhand den Kartoffelsalat auf den Fußboden schütten und es einmal auf einen Versuch ankommen lassen.

Nur Geduld!

Teils spöttisch, teils verärgert ziehen die Angestellten die Augenbrauen hoch, wenn ich den Laden der chemischen Reinigung betrete; beide verschwinden durch die portierenverhängte Tür im Hintergrund, und während ich nervös mit den Fingern auf den Ladentisch trommle, höre ich Wortfetzen durch den dicken Türvorhang sickern:

»Nu is der schon wieder da … Dabei war er erst vor zwei Wochen hier … Der denkt wohl, *Expreß* is was, was schneller geht … Denn soll er sich seine Klamotten ehmt nich so einsauen … Dis is ein Mensch ohne Jeduld …«

Dann betritt eine Dame den Ladenraum und spricht: »Ich weiß, was Sie wollen. Sie wollen Ihren grauen Anzug haben. Ich sagte Ihnen aber bereits vor vierzehn Tagen, daß Ihr grauer Anzug noch nicht da ist. Unterbrechen Sie mich bitte nicht! Ihr grauer Anzug ist auch *heute* noch nicht da. Ich kann das mit Bestimmtheit sagen, weil innerhalb der letzten Wochen überhaupt kein grauer Anzug hier eingetroffen ist. Wozu brauchen Sie denn überhaupt und unbedingt einen *grauen* Anzug? Sie haben doch einen sehr netten braunen Anzug an. Mein Mann, der *schwer* arbeiten muß, wäre heilfroh, wenn er so einen netten braunen Anzug hätte. Aber wir können uns das nicht leisten.

Ihren grauen Anzug können Sie ja später immer noch tragen. Eine Schwalbe macht noch keinen Sommer, und ein Hagelschauer macht noch keinen Herbst. Wissen Sie, daß Sie viel zu nervös sind, junger Mann? Ihnen fehlt die Ruhe, und die Ausdauer fehlt Ihnen – *das* ist es. Meine Nachbarsleute sind seit sechsundzwanzig Jahren verheiratet, und jetzt kommt das *erste* Kind – na bitte! Es gibt Leute, die schlagen hundert Nägel krumm, bis der erste fest in der Wand sitzt. Also! Im übrigen brauchen Sie gar nicht *immerzu* hier anmarschiert zu kommen. Wenn es soweit sein sollte, werden wir Ihnen eine Postkarte ins Haus schicken. Und nun entschuldigen Sie schon, ich hab nämlich noch was anderes zu tun. Wiedersehn.«

Ich mache eine tiefe Verbeugung, gehe rückwärts hinaus; unsicher wegen meines schlechten Gewissens, klemme ich mir beim Schließen der Ladentür den rechten Zeigefinger ein, aber er wird schon wieder heilen – *nur Geduld!* –, dann warte ich an der Kreuzung eine kleine Ewigkeit lang auf grünes Licht – *alles zu seiner Zeit!* –, und als ich endlich auf der anderen Straßenseite bin, fährt mir der Omnibus vor der Nase weg – *immer hübsch mit der Ruhe!*

»Verzeihung«, sage ich zu der Frau im Kiosk, »die Abendzeitung ist wohl noch nicht eingetroffen? Aber das macht mir gar nichts aus, denn ich kann warten. Es gibt Leute, die sind vierundzwanzig Jahre verheiratet, und dann kommt das erste Kind, und außerdem ...«

»Sehr interessant«, sagt die Zeitungsfrau, »aber das Blatt ist schon vor anderthalb Stunden gekommen und liegt direkt vor Ihrer Nase!« Und ungeduldig nimmt sie meinen Groschen. Ich setze mich auf die Bank an der Haltestelle und lese:

»Ein Geschäftsmann der finnischen Stadt Pori erhielt frohe Kunde von der Kriminalpolizei in Helsinki. Ihm war ein Fahrrad gestohlen worden, das die Polizei jetzt wiedergefunden hat. Der Diebstahl geschah am 20. Juni 1944.«

Beim Aufstehen habe ich Schwierigkeiten, weil die Bank, wie mir leider erst jetzt auffällt, gerade frisch gestrichen worden ist; doch eine freundliche alte Dame, die soeben vorüberspaziert, spendet Trost: »Sie werden doch noch eine andere Hose haben. Ziehen Sie die an, und dann bringen Sie den Anzug in die chemische Reinigung. Die Annahmestelle ist gerade gegenüber! Die erledigen auch Expreß-Aufträge. Nur nicht nervös werden!«

Unpraktische Winke

Der Haushalt ist der beste,
worin man nichts Überflüssiges will,
nichts Notwendiges entbehrt.
Plutarch (Gastmahl der 7 Weisen)

Da Plutarch schon sehr lange tot ist,
möchte der Verfasser den freundlichen Leser fragen:
Ist Ihnen schon mal
so ein Haushalt begegnet???

Schnee fegen

Schnee fegen ist eine der angenehmsten und gesündesten Beschäftigungen, die man sich überhaupt denken kann. Schon am frühen Morgen bietet einem die Erfüllung dieser kleinen Pflicht die wunderbare Möglichkeit, die Lungen zu weiten und mit reinem Ozon aufzufüllen. »Da kriegste Sauerstoff aus erster Hand«, pflegte meine Tante Erna zu sagen. Man vollführt sanfte und gleichmäßige Bewegungen mit den Armen, stärkt dabei die Muskulatur, hat zudem, weil der Schnee auf dem Weg vom Haustor zur Gartenpforte sichtbar verschwindet, ein einmaliges Erfolgserlebnis, genießt vielleicht noch den Umstand, daß man den Fußweg vor dem Gartenzaun eher begehbar gemacht hat als der müßige Nachbar, der womöglich noch im Bett liegt oder sich an seiner Kaffeetasse festhält – kurz gesagt: Schnee fegen ist etwas Erfrischendes, Einmaliges und Beglückendes.

Nun weiß ich nicht ganz genau, ob das alles stimmt; aber wenn man das irgend jemandem einredet, der einem diese schuhnässende und lästige Arbeit abnehmen soll, bei der man allemal auf dem Glatteis ausrutscht oder den hölzernen Schneeschieber in tausend Stücke zerbricht, so hat man in etwa neunzig Prozent aller Fälle einen überraschenden Erfolg.

●●●●●

Frage: Wie beseitigt man Brandlöcher in Tischdecken?

Antwort: Am besten ist es, wenn man das ganze Tischtuch verbrennt; die Brandlöcher verschwinden dann ganz von selbst.

Das geistige Zentrum der Trainingshose

Die Trainingshose ist, falls ich mich nicht irre, eine deutsche Erfindung, die seinerzeit von dem Waldläufer Erwin Tränicke gemacht wurde. Das muß so etwas um 1910 herum gewesen sein, und Tränicke hatte damals – jedenfalls beim Waldlaufen – immer Ärger mit seinen Hosen, die ihm entweder zu eng oder zu kalt oder zu rutschend waren. Daraufhin erfand dieser Sportler die heute weltberühmte Trainingshose, die niemals zu eng oder zu kalt oder zu rutschend ist. Natürlich geht es uns nicht um den sportlichen Aspekt der Sache beziehungsweise Hose, sondern um die Rolle dieses Bekleidungsstücks im Haushalt.

Dort dient die Trainingshose als Bekleidungsstück für Leute, die

1. heizen müssen, ehe sie sich gewaschen und rasiert* haben,
2. der Zeitungsfrau oder dem Briefträger öffnen und zugleich den Eindruck hervorrufen sollen, sie seien schon längst angezogen,
3. keinen Bademantel besitzen oder diesen verlegt haben.

Von der Trainingsjacke ist hier absichtlich nicht die Rede, denn es handelt sich da um eine Jacke wie jede andere, ausgerüstet mit einem Reißverschluß

* beziehungsweise geschminkt.

wie jeder andere, das heißt also: mit einem, der nicht funktioniert — aber die Trainings*hose* ist nun wahrhaftig ein Ding von ganz besonderer Art. Für Berufs- oder Amateur-Heizer mag es durchaus geeignet sein; indes kann man damit niemandem den Eindruck suggerieren, man wäre schon angezogen. Die Trainingshose ist nämlich so konstruiert, daß ihr Träger nicht so aussieht, als habe er etwas angezogen, sondern als hinge er in etwas herum.

Ausführliche Untersuchungen, die der Verfasser dieses Werkes angestellt hat, haben folgendes ergeben: Im Gegensatz zu allen anderen von der Konfektion hergestellten Hosen gibt es bei den Trainingshosen keine Größenunterschiede, denn ihre Hosenbeine ziehen sich ohnehin beliebig lang oder können auf eine gewünschte Kürze zusammengestaucht werden.

Was aber allemal paßt, ist jener oft genannte Körperteil, auf dem man sitzt.

Sie brauchen sich nur eine beliebige Trainingshose anzuschauen, um nachzuempfinden, was mir eines Tages schlagartig bewußt wurde: Das geistige Zentrum der Trainingshose ist ihr Gesäß.

●●●●●

Frage: Wir werden wahrscheinlich bald den Schwamm im Hause haben, weil mir beim Reinigen der Treppe immer der Wassereimer umkippt, denn er hat auf den schmalen Stufen nicht genügend Platz. Wieso gibt es keine kleineren Eimer mit etwas rechteckiger Grundfläche, die dort nicht umkippen würden? Wieso sind Eimer immer rund?

Antwort: Dafür gibt es verschiedene Gründe. Erstens sind Eimer immer rund, weil das (beispielsweise für ihre Benutzung auf einer Treppe) unpraktisch ist, und zweitens sind Eimer immer rund, weil Eimer schon immer rund waren. Daran kann keine Revolution etwas ändern.

●●●●●

Das kann man noch mal gebrauchen

Dieser Satz, wann immer ich ihn höre, erinnert mich an meinen Onkel Ernst, dessen Lebensmaxime er war, und an die schrecklichen Zeiten, die ich als Knabe in seinem Hause verbracht habe. Es waren Zeiten, in denen man nichts, aber auch absolut nichts wegwerfen durfte, weil man ja alles immer noch mal gebrauchen kann. Onkel Ernst, der mich meistens während der großen Ferien in seinem Gartenhaus beherbergte, war ein guter Gastgeber, und seine liebe Frau, die gute Tante Berta, war das, was man gemeinhin eine Seele von Mensch nennt.

Onkel Ernstens Gartenhaus war eigentlich nur eine Wohnlaube, aber eine bessere, aus gefugten Brettern und Isolierplatten gebaut und mit einem dachpappeverkleideten Pultdach versehen. Dieses Gartenhaus war ziemlich klein, aber auch ziemlich oho, und wir hatten es bei schlechtem Wetter, wenn der Garten wenig gastlich war, recht gemütlich darin.

Neben dem Gartenhaus befand sich Onkel Ernstens Heiligtum, ein Schuppen, doppelt so groß wie die Wohnlaube, damit man alles darin aufheben konnte, was sich noch einmal gebrauchen läßt. Der Schuppen war gerammelt voll, aber Onkel Ernst produzierte durch ebenso langwieriges wie systematisches Umräumen des schon vorhandenen Materials immer wieder kleine Lükken, die neues Material aufnehmen konnten: leere Konservenbüchsen, krumme und gerade Nägel, verrostete Schrauben, Bruchstücke von Leisten, Kartons, Möbel in Einzelteilen, Petroleumlampen, alte Zeitungen, Schuhsohlen, defektes Handwerkszeug aller Art, Wagenräder, Ziegelsteine, Namensschilder (»Prczablczki 3× läuten!« – »Das kann man noch mal gebrauchen!« – Wozu nur?), Herdringe, Glühlampensockel, durchlöcherte Dachpappe, Eimer ohne Böden, leere Flaschen und einen alten Kohlenkasten, der mit Briefen, Postkarten und Broschüren in portugiesischer Sprache angefüllt war. Wo der Onkel diese Druckschriften herhatte und wozu er sie noch mal gebrauchen wollte, ist mir bis auf den heutigen Tag ein Rätsel geblieben.

Der Tante Berta (wiewohl sie den Onkel Ernst von Herzen liebte) war seine Sammelwut nicht ganz geheuer, doch angeborene weibliche Klugheit gebot der Tante Toleranz. Denn es war ihr weitaus angenehmer, daß der Gatte zerbeulte Kochtöpfe statt junger Mädchen sammelte und daß er den größten Teil seiner Freizeit nicht beim Skatspiel in der Kneipe, sondern in seiner gigantischen Rumpelkammer verbrachte.

Die Tante versorgte mich nicht nur bestens, sondern belohnte mich auch für meine kleinen Dienste und Handreichungen. War der Onkel abwesend, so nahm sie mich wohl bisweilen bei der Hand und sagte geheimnisvoll: »Komm, mein Lieber, jetzt machen wir uns einen heimlichen Spaß!« Und dann durfte ich jedesmal etwas aus Onkels Schatzkammer in die Mülltonne werfen: eine alte Seifendose, eine Hutkrempe ohne Hut, einen einzelnen Sockenhalter ohne Socke beziehungsweise umgekehrt oder eine zerbrochene Tabakspfeife. Diese heimlichen Freuden gehören zu den schönsten Erinnerungen an meine Kindheit. Seitdem macht mir das Wegwerfen überflüssiger Dinge viel Freude, und ich konnte im Verlauf meiner diesbezüglichen Übungen die erstaunliche Feststellung machen, daß ungefähr sechzig Prozent aller Gegenstände, die in einem Haushalt, in den Hosentaschen eines Mannes oder im Schubfach eines Kindertisches aufbewahrt werden, völlig überflüssig und absolut unbrauchbar sind. Was Damenhandtaschen betrifft, so erhöht sich der Anteil auf 83,5 Prozent.

Die geheimnisvolle und suggestive Magie, welche der Formel »Das kann man noch mal gebrauchen« innewohnt, verwirrt indes nicht nur Sonderlinge wie meinen Onkel Ernst. Sie hat ihre Wirkung auch auf durchaus normale Menschen, natürlich in weit geringerem Maße. Könnten Sie mir beispielsweise eine Hausfrau nennen, die ein Glas mit Schraubdeckel (kurz Schraubglas genannt) ohne Tränen und Herzbluten fortwirft? Sie können es nicht, weil es eine solche Hausfrau *nicht gibt.*. In den ersten Nachkriegsjahren wurden Schraubgläser bei Familienausflügen benötigt für den Transport von a) Grießpudding und b) Kartoffelsalat. Heutzutage werden sie kaum noch benötigt, auf keinen Fall aber in der Zahl, in der man sie aufbewahrt.

Ich habe mich in unserer Familie einmal umgesehen. Die Oma hat 8 Schraubgläser im Spind, die Frau meines Bruders 13, mein angeheirateter Kusäng Eginhard (Junggeselle) 7, Tante Berta und Onkel Ernst 56, die Schwiegereltern 19 und meine liebe Frau und ich 55. Das sind insgesamt ein-

hundertundacht Schraubgläser, die alle leer, sauber und zwecklos herumstehen.

Ist mir meine Familie einmal wegen irgendeines Ärgers ein bißchen zuwider, so male ich mir in Gedanken aus, wie ich diese einhundertundacht Gläser einsammeln und — immer hübsch eins nach dem anderen — zertrümmern werde.

Vorerst aber beschränke ich mich darauf, überflüssige Menschen mit der Beschimpfung »Du ollet Schraubjlas!« zu belegen. Auf diese Art kann ich meinem Zorn Luft machen, ohne jemanden ernstlich zu kränken, weil ja keiner weiß, was ich eigentlich meine. So hat — wie jede Angelegenheit — auch die mit den Schraubgläsern ihre gute Seite.

●●●●●

Frage: Ich arbeite daheim und bin von Berufs wegen ständig mit einer Fülle von Manuskripten, Drucksachen, Briefschaften und so weiter beschäftigt. All dies habe ich in den letzten Jahren in verschiedenen Mappen, Kästen, Ordnern und so weiter übersichtlich unterzubringen versucht — ohne bemerkenswerten Erfolg. Wahrscheinlich stehen Sie als Literat einem ähnlichen Problem gegenüber. Wie lösen Sie das?

Antwort: Ganz einfach. Man benötigt dazu lediglich einen nicht allzuhohen Ofen, und so einen habe ich. Allwöchentlich räume ich einmal meine Schreibtischplatte auf, um den Radiergummi oder einen Zahnstocher zu suchen, und bei dieser Gelegenheit staple ich den ganzen Papierkram auf dem Ofen. Sobald die Heizperiode eintritt, wird alles in ebendiesem Ofen verbrannt. Ich halte das schon seit Jahren so und bin damit sehr zufrieden.

Ein Freund in der Not

Ein Freund in schlimmer Not für jeden geordneten Haushalt ist die sogenannte Hausapotheke, die in übersichtlicher Weise jene Mittel griffbereit hält, mit denen man bis zum Herannahen des Arztes fast alle Leiden, Krebs ausgenommen, heilen oder doch zumindest lindern kann.

Auch wir haben natürlich eine solche Hausapotheke. Sie enthält merkwürdigerweise mehr Ohrenklappen, als in unserer Familie Ohren vorhanden sind, ferner diverse Gläschen mit Tabletten, die niemand einzunehmen wagt, weil die Etiketts verlorengegangen sind, die aber auch niemand fortzuwerfen imstande ist — ich weiß nicht, warum. Unsere Hausapotheke beherbergt weiter drei Heftpflaster-Schachteln, in denen sich kein Millimeter Heftpflaster mehr befindet, außerdem eine total versteinerte Tube vorzeitlicher Zahnkrem sowie eine Salbe mit Namen »Portofizylionthakred«, von der selbst geübte Alchimisten nicht sagen können, wie und bei welchen Beschwerden man sie anwendet. Außerdem verfügen wir über zwei Fläschchen mit mindestens fünfzehn Jahre altem Hustensaft, der wahrscheinlich nur noch gegen Husten genommen werden kann, der ebenfalls mindestens fünfzehn Jahre alt ist. Wir haben auch eine Mullbinde, die häufig durch die Waschmaschine gewandert ist und daher nicht mehr wie eine Mullbinde aussieht, sondern wie ein Strick. Und des weiteren sind gewisse Gegenstände in unserer Hausapotheke angesiedelt, die eigentlich anderswo hingehören, die aber niemand anderswo hinlegt, nämlich drei Porzellansicherungen, ein Nußknacker mit lockerer Schraube, eine verbogene Pinzette und ein Ding, mit dem man Skier einwachsen soll, was aber noch keiner von uns versucht hat; wir haben gar keine Skier. Natürlich enthält der Kasten auch einen vergammelten Karton mit einem Rest von Dübelmasse, denn ohne Dübelmasse ist eine moderne Hausapotheke geradezu undenkbar.

Kopfschmerztabletten oder ähnliche Präparate wird man in unserer Hausapotheke vergeblich suchen, denn wir als fortschrittliche Menschen sind der Meinung, daß man sich das Tablettenschlucken erst gar nicht angewöhnen soll, und deshalb haben wir schon aus Prinzip gar keine Kopfschmerzen.

Falls aber einem trotz alledem einmal der Schädel brummt, so bekämpft er das mit einigen Azetophen-Pillen.

Und die bewahren wir im Nähkasten auf.

Der wahre Sinn des Telefons

Das Telefon wurde von Johann Philipp Reis erfunden. Was sich Reis dabei gedacht hat, weiß ich nicht. Erfinder sind nicht selten recht versponnene Menschen – jedenfalls was die praktischen Fragen des alltäglichen Lebens angeht. Dennoch darf man annehmen, daß Reis den Menschen mit seiner Erfindung die Möglichkeit geben wollte, einander schnell kurze und wichtige Mitteilungen zu machen.*

* Reis ist schon lange tot. Er starb am 14. Januar 1874 in Friedrichsdorf bei Homburg.

Auch ich höre oft und gern kurze und wichtige Mitteilungen, welche die Menschen einander machen.

—: Tag, Budraschen. Hier bin icke.

Die Budraschen: Und wer ist icke?
—: Na, icke, icke bin icke. Icke bin Natalie.
Die Budraschen: Nein!
Natalie: Doch!
Die Budraschen: Ich meine: nein — so etwas! Wie gehts denn?
Natalie: Na, prima, abgesehen von Migräne und ... Aua! Jetzt hat es wieder gestochen!
Die Budraschen: Was hat es?
Natalie: Auuuuu! Hier in der Seite. Mensch, verflucht, gib mir mal ne Zigarette, Ernst.
Die Budraschen: Wieso Ernst?
Natalie: Ernst soll mir mal ne Zigarette geben. Er sitzt auf dem Sofa, und davor steht der Tisch, und auf dem Tisch liegen die Zigaretten, und ich bin am Telefon, und das Telefon ist in der Ecke auf dem Regal. So ist das nämlich.
Die Budraschen: Aha.
Natalie: Ja.
Die Budraschen: Und wie gehts sonst?
Natalie: Es muß eben, es muß eben, es muß eben.
Die Budraschen: Na, da haben Sie aber ein wahres Wort gesprochen.
Natalie: Was dachten Sie denn, was ich sonst ausspreche? Nun hören Sie aber mal zu!
Die Budraschen: Ich lausche.
Natalie: Gut. Also passen Sie mal auf: ist Ziebelt im Hause?
Die Budraschen: Jawohl. Das heißt: nein!
Natalie: Na, wo ist denn Ziebelt immerzu?
Die Budraschen: Der ist an und für sich immerzu hier. Nur *eben* ist er gerade nicht hier. Er ist nämlich außer Haus. Aber eben war er noch hier.
Natalie: So ein Pech.
Die Budraschen: Aber jetzt ist er gerade raus. Das heißt: nein! Eben ist er wieder rein. Ja, natürlich! Eben ist er wieder rein!
Natalie: Na, wunderbar!
Die Budraschen: Wieso wunderbar?
Natalie: Dann können Sie mich doch mal mit Ziebelt verbinden.
Die Budraschen: Aber gewiß kann ich das. Soll ich gleich mal?

Natalie: Das wäre aber ganz obernett von Ihnen!
Die Budraschen: Für Sie mache ich alles. Also bis zum nächsten Mal. Grüßen Sie Ihren Mann!
Natalie: Danke, Budraschen. Sie ebenfalls.
Die Budraschen: Danke schön. Also denn!
Natalie: Ja.
Es knackt.
Eine angenehme kleine Pause tritt ein.
Die Budraschen: Hallo!
Natalie: Ja?
Die Budraschen: Hier bin icke.
Natalie: Und wer ist icke?
Die Budraschen: Na, icke bin icke. Icke bin die Budraschen.
Natalie: Und wo ist Ziebelt?
Die Budraschen: Ich weiß auch nicht, wo er ist. Er ist nicht in seinem Zimmer. Wahrscheinlich ist er gerade wieder raus.
Natalie: Ist eigentlich Dickner, die alte Flasche, schon aus dem Urlaub zurück?
Die Budraschen: Ich weiß auch nicht, was mit ihm ist. Zurück ist er noch nicht. Hach, ist das hier kalt.
Natalie: Ja, hier auch.
Die Budraschen: Wie bitte?
Natalie: Ich sagte: ja, hier auch.
Die Budraschen: Wieso auch? Was auch?
Natalie: Hier ist es auch kalt.
Die Budraschen: Ja — und?
Natalie: Wieso: Ja — und?
Die Budraschen: Ich dachte, Sie hätten einen *besonderen* Grund, mir das zu sagen. Also — irgendwie …
Natalie: Besonderen Grund? Es ist eben Winter.
Die Budraschen: Hier auch.
Natalie: Und wie gehts sonst?
Die Budraschen: Danke für die Blumen. Mein Mann …
Natalie: Na, furchtbar! Entschuldigen Sie, Budraschen, aber ich bin eilig. Die

Milch hat Hunger und das Kind steht auf dem Feuer. Wie komme ich nun an Ziebelt?

Die Budraschen: Ja, ich weiß auch nicht.

Natalie: Ja, ich auch nicht.

Die Budraschen: Das heißt: ich weiß doch was.

Natalie: Nämlich was?

Die Budraschen: Vielleicht rufen Sie ihn zu Hause an. Ich gebe Ihnen mal seine Privatnummer.

Natalie: Ich höre.

Die Budraschen: Was machen Sie?

Natalie: Ich meine, Sie sollten mir jetzt mal die Nummer sagen.

Die Budraschen: Jawohl. Also die Nummer ist: 51 ... ach nee. Das ist ja die Nummer vom Chef.

Natalie: Die Nummer vom Chef habe ich.

Die Budraschen: Hurra! Hier ist Ziebelten seine Nummer: 31 76 98.

Natalie: Was?

Die Budraschen: 31 76 98!

Natalie: Na Mensch – die Nummer habe ich doch. Ich dachte, die hätte sich geändert, weil er doch umgezogen ist.

Die Budraschen: Nein, die hat sich nicht geändert.

Natalie: So was!

Die Budraschen: Er ist ja noch nicht umgezogen.

Natalie: Ich werde verrückt.

Die Budraschen: Na, na.

Natalie: Dann werde ich Ziebelt gleich mal zu Hause anrufen.

Die Budraschen: Da werden Sie aber kein Glück haben, weil er nämlich noch in Urlaub ist.

Natalie: Und warum sagen Sie mir das nicht gleich?

Die Budraschen: Sagte ich das nicht?

Natalie: Nein, das sagten Sie nicht!

Die Budraschen: Na, der Mensch wird eben auch nicht jünger. Verzeihen Sie mir noch einmal.

Natalie: Na, weil Sie es sind.

Die Budraschen: Hach! Eben ist Dickner im Haus gewesen!

Natalie: Ich denke, der ist auch im Urlaub?
Die Budraschen: Dickner doch nicht. Dickner war doch dieses Jahr noch gar nicht im Urlaub. Ziebelt übrigens auch nicht.
Natalie: Aber Sie haben mir doch gerade erzählt ...
Die Budraschen: Nein, die wollten bloß in Urlaub fahren, und da kam dann was dazwischen, und dann ...
Natalie: Also geben Sie mir rasch mal den Dickner.
Die Budraschen: Ist eben schon wieder raus.
Natalie: Also dann rufe ich Ziebelt zu Hause an. Ach, der ist ja im Urlaub.
Die Budraschen: Nein doch. Ich meine ja bloß, weil doch ... er wollte ... da hat ... wie ... denn wenn der schließlich ... kommt alles mal vor.
Natalie: Also machen wir Schluß. Mein Oller macht schon wieder so ein Gesicht. Ich gucke nächstens mal in Ihre Telefonzentrale rein, und dann quatschen wir ein bißchen. Wiedersehn!
Die Budraschen: Wiedersehn!

Ende des Gesprächs

Ich hebe ein Fenster aus den Angeln, verzehre es mitsamt dem Rahmen, lasse jedoch – als eingeschworener Vegetarier – die Metallklinken übrig und schweige.

Natalie: Mit mir sprichst du wohl nicht mehr?
Ich: Gewiß doch! Ich dachte, du hättest mit Frau Budrasch was Wichtiges zu besprechen.
Natalie: Ja – und? Hatte ich auch. Was dagegen?
Ich: Aber ich bitte dich!
Natalie: Und wenn du gütig erlaubst, rufe ich jetzt Ziebelt an.
Ich (scharf ironisch): Bitte, bitte!
Natalie: Und was will ich eigentlich von Ziebelt?
Ich: Woher soll ich denn das wissen!
Natalie: Woher! Woher! Kannst dich ja mal für *irgendwas* interessieren, so wie das jeder andere Mensch auch tut. Ach, ich weiß. Ich wollte Ziebelt fragen, ob die Budraschen schon wieder gesund ist.

Daraufhin verzehre ich noch ein Fenster.

Ich: Und warum hast du sie nicht eben selber gefragt?
Natalie: Wann eben?
Ich: Du hast doch eben mit ihr telefoniert!
Natalie: Hach ja! Wenn du einen so gemein anglotzt, kannst du einen ganz durcheinanderbringen. Und nun laß mich bitte zwei Minuten lang ungestört telefonieren.

Daraufhin reise ich vierzehn Tage ins Gebirge und komme gerade zurück, als Natalie ihr Gespräch mit Ziebelt beendet.

Dann ruft sie die Budraschen an, um sich zu erkundigen, ob Ziebelt schon wieder gesund ist.

Frage: In meinem Kleiderschrank herrscht so ein schlechter Geruch. Nun habe ich vor einiger Zeit gelesen, wie man diesen Geruch, wenn auch das wiederholte Auswischen des Schranks nichts nützt, beseitigen kann: »Auf eine Schaufel schüttet man glühende Kohlen, die mit Wacholderbeeren bestreut werden. Die Schaufel stellt man auf einem sauberen Ziegelstein in den Schrank und läßt sie bei geschlossenen Türen einige Stunden drin. Mit einer elektrischen Heizplatte geht es auch.« Können Sie mir diese Methode empfehlen?

Antwort: Natürlich. Es ist die sicherste Methode, nicht nur dem schlechten Geruch, sondern dem ganzen Kleiderschrank den Garaus zu machen. Man kann die glühenden Kohlen auch direkt in das Spind schaufeln. Zu beachten ist hierbei lediglich, daß die Police von der Feuerversicherung auf keinen Fall in dem fraglichen Schrank aufbewahrt werden darf.

●●●●●

Prost Mahlzeit!

Ernährung kann eine Quelle der Gesundheit
und Leistungsfähigkeit für den einzelnen
und ein Beitrag zur Zufriedenheit
im Zusammenleben der Menschen sein.
Professor Dr. Herbert Krauss

Es ist besser ein Gericht Kraut mit Liebe
denn ein gemästeter Ochse mit Haß.
Die Sprüche Salomons (15,17)

Räucheraal und die Folgen

»Der Fisch ist auch mein Freund«, sagte er laut. »Ich hab solchen Fisch noch nie gesehen, auch noch nie von so einem gehört ...«

Wieviel Menschen wird der als Nahrung dienen, dachte er. Aber sind sie wert, ihn zu essen? Nein, natürlich nicht. Es gibt niemanden, der wert ist, ihn zu essen, wenn man die Art seines Verhaltens und seine ungeheure Würde bedenkt.

Hemingway, Der alte Mann und das Meer

Der unstillbare Appetit meiner Frau auf Räucheraal hat unsere kleine Familie unversehens zum Mittelpunkt eines Netzes gemacht, das aus geheimnisvollen, teilweise undurchschaubaren menschlichen Kommunikationen geknüpft ist.

Zunächst scheint es angebracht zu sein, jüngere Leser darüber aufzuklären, was *Räucheraal* eigentlich ist: es handelt sich um eine in früheren Zeiten handelsübliche Delikatesse, um einen wiewohl recht fetten, so doch in geräuchertem Zustand außerordentlich wohlschmeckenden Fisch von der Figur eines finger- bis knüppeldicken Schlauches, der gelegentlich die Länge eines menschlichen Armes erreicht. Je gieriger man den Räucheraal verschlingt und je weniger Brot man dazu verspeist, desto schneller kann man sich damit den Magen verderben — ein Umstand, der den richtigen Räucheraalfreund indes noch nie abhalten konnte, einen Räucheraal zu verzehren.

Heutzutage ist Räucheraal weniger eine erlesene Speise als vielmehr eine Legende; man ißt ihn kaum noch, redet aber viel darüber, wie herrlich es sei, ihn zu essen. Exakte Gründe dafür, daß Räucheraal gegenwärtig so sehr selten zu haben ist, sind mir nicht bekannt, jedoch sind allerlei dunkle Gerüchte im Umlauf. Beispielsweise heißt es, das Ministerium für Gesundheitswesen unternehme dieses und jenes, um die begehrte Delikatesse ihrer schweren Bekömmlichkeit wegen aus dem Verkehr zu ziehen; auch wird behauptet, jene Gewässer, in denen der Aal heimisch ist, seien in der jüngsten Zeit mehr und mehr durch Ölrückstände von modernen Dieselschiffen verseucht worden, wobei erwähnenswert ist, daß auch in den Hoheitsgewässern anderer Staaten

Ölrückstände moderner Dieselschiffe herumschwimmen, ohne daß es dort bislang zu einem Aalsterben größeren Ausmaßes gekommen ist. Wie dem auch sei – es steht mir nicht zu, ein Rätsel zu lösen, das selbst ausgepichte Fachleute wie etwa mein verehrter Kollege, der Räucheraal-Forscher Hansgeorg Stengel, seit langen Jahren vergeblich zu klären suchen.

Meine Frau jedenfalls ist von der lukullischen Zwangsvorstellung, von der fixen Feinschmecker-Idee, sie könne eines schönen Tages doch noch einmal einen Räucheraal verzehren, durch nichts zu heilen. Da sie, wie man zu sagen pflegt, das Herz auf der Zunge trägt (in diesem Falle genauer gesagt: den Magen auf der Zunge), so läßt sie kaum ein Gespräch ungenutzt, um jedermann den Traum ihres Gaumens in appetitanregenden Farben zu schildern. Bei Auslassungen dieser Art läßt sich meine Frau, wie ich leider zugeben muß, gelegentlich zu unüberlegten Formulierungen hinreißen, und eine solche bewirkte denn auch jenes Verhängnis, das uns heute heimsucht.

Es mag ungefähr ein Vierteljahr her sein, daß uns eines Abends der Fernsehtechniker Popping aufsuchte, um unser Bildgerät, welches die auftretenden Personen seit langem nur mit bemerkenswerten Eierköpfen und unnatürlich kurzen Unterkörpern zeigte, fachkundig zu reparieren. Popping gehört zu jener Art von Handwerkern, welche schnell arbeiten und hinterher sehr lange Kaffee und Schnaps trinken. Und so saßen wir auch an jenem Abend noch fast bis Mitternacht beisammen und plauderten über dieses und jenes. Ich erinnere mich noch deutlich daran, daß ich gespannt darauf wartete, wie meine Frau das Gespräch wohl diesmal auf ihr Lieblingsthema bringen würde. Und siehe da! Pooping hatte kaum erwähnt, daß er als Knabe von dem Wunsch besessen war, Kapitän zu werden, da fing meine Frau auch schon an, des langen und breiten über Räucheraal zu reden.

»Himmel noch mal!« rief sie endlich. »Ich wäre bereit, *wer weiß was* herzugeben für ein paar Räucheraale! Der Preis spielt gar keine Rolle.«

»Nun ja«, sagte der Techniker Popping, »unsereiner kommt ja mit allerhand Leuten zusammen. Ich könnte ja mal rumhören, nicht wahr. Natürlich nur, wenn Sie es wirklich ernst meinen.«

»Wenn ich überhaupt irgend etwas in meinem Leben je ernst gemeint habe«, erklärte meine Frau, »dann ist es das, was ich vorhin über Räucheraal gesagt habe.«

Popping schied mit den Worten: »Ich werde sehen, was sich machen läßt.«

Am nächsten Tag hatten wir die Angelegenheit vergessen. Ein Alltag um den anderen rann an uns vorüber wie der Sand in einer Eieruhr, und wir lebten glücklich und zufrieden, und nichts schien unsere häusliche Ruhe (die nur dann und wann von einem der obligaten Familienkräche dialektisch stimuliert wurde) stören zu können, bis an einem Nachmittag das Telefon klingelte.

»Wer spricht dort, bitte?« fragte ich.

Eine fremde Stimme antwortet: »Drei Pfund Aal. Also was is?«

»Da ist einer dran«, sagte ich zu meiner Frau, »mit Namen Dreipfundaal. Er will wissen, was ist.«

»Laß ihn doch nicht warten, du Idiot«, sagte sie und riß mir den Hörer aus der Hand, »womöglich hängt er gleich wieder auf!« Dann wechselte sie die Tonart und flötete in unnatürlich kultivierter Weise eine Serie mir unverständlicher Sätze in die Muschel, um sich dann zuckersüß von dem großen Unbekannten am anderen Ende der Strippe zu verabschieden.

Anschließend erhielt ich folgenden Befehl: »Zieh dir was an und flitze ins Restaurant ›Krumme Kastanie‹. Er sitzt im Vereinszimmer und hat eine braune Kordmütze auf. Du brauchst ihn nur nach Aal zu fragen. Tempo, Mann! Er hat wenig Zeit. Brieftasche nicht vergessen!«

Unverzüglich gehorchte ich und hörte noch im Davonlaufen, wie das Kind fragte: »Wohin rennt Papi denn so schnell?« Und meine Frau, die mich immer gern als strahlendes Vorbild hinstellt, antwortete darauf kühl und sachlich: »In die Kneipe natürlich, mein Liebling.«

Der Mann im Vereinszimmer der »Krummen Kastanie« hatte es offenbar wirklich eilig; er nahm nicht einmal die braune Kordmütze ab, sondern brummte nur: »Auf Vermittlung von Popping.« Und dann knallte er ein Paket auf den Tisch, irgend etwas in feuchtem Zeitungspapier, das sehr roch, und dafür nahm er so viel Geld, daß ich dem Kellner abwinken mußte, der mir gerade ein Glas Bier servieren wollte.

Es stellte sich heraus, daß jenes Paket keinen Räucheraal enthielt, sondern *frischen* Aal, vor dessen Zubereitung meine Frau zurückschreckt, weil ihr seine glibbrige Konsistenz nicht behagt. Demzufolge beschlossen wir, die Portion — sie wog übrigens nur wenig über *zwei* Pfund — zu teilen. Ich bereitete eine Hälfte als Aal grün für das Kind und für mich zu, während meine Frau, den Ratschlägen eines ererbten Kochbuches folgend, die andere Hälfte eigenhändig im Ofen des Wohnzimmers räucherte.

Der Ofen wurde verhältnismäßig schnell wieder in Ordnung gebracht, weil wir über gute Beziehungen zu dem zuständigen Herrn Bezirksschornsteinfegermeister verfügen. Das Produkt ihrer Räucher-Laienkunst legte meine Frau in den Garten für jene schwarze Katze, die dort zuweilen herumstreunt; seitdem haben wir die Katze nicht mehr zu Gesicht bekommen.

Drei Tage später läutete ein junger Mann im Smoking an der Haustür, was mir auffällig vorkam, da es vormittags gegen zehn Uhr war und da meines Wissens kein Mensch in unserem Dorf einen Smoking besitzt. Es war der Oberkellner Zackmann, dessen Wirt von seinem Schwager erfahren hatte, daß der Fernsehtechniker Popping einen Interessenten für Räucherware gefunden hatte, dem es auf den Preis überhaupt nicht ankam. Nun brachte Herr Zackmann die Räucherware, welche sein Chef lieber pfundweise an uns verkaufen wollte, statt sie nach dem Plan der Gaststätten-Generaldirektion in kleinen Portionen einzeln den hungrigen Gästen aufzutragen. »Wir müssen natürlich den Gaststättenpreis berechnen«, sagte Herr Zackmann, »das werden Sie verstehen.« Meine Frau verstand. Dann verkaufte uns Herr Zackmann drei geräucherte Schollen zum Gaststättenpreis. »Damit machen wir nämlich im Lokal vierundzwanzig Personen satt«, erläuterte er. In Herrn Zackmanns Lokal speisen wohl nur Zwerge oder Leute, die gerade am Magen operiert worden sind.

»Ich dachte, du wolltest Räucher*aal* haben«, sagte ich hinterher zu meiner Frau.

»Ach was«, meinte sie, »Scholle ist auch nicht übel, und eines Tages wird sich schon einer mit Räucheraal melden. Sei bloß nicht immer so ungeduldig.«

Es meldete sich auch einer, nämlich der Leiter unserer Konsum-Fischverkaufsstelle. Ich fuhr gleich mit dem Rad hin. Er hatte uns schon ein Päckchen zurechtgemacht. Es war nicht einmal so sehr teuer. Es waren Bücklinge.

In den folgenden Tagen kamen lauter fremde Leute zu uns, die vom Techniker Popping und von seinen Mittelsmännern etwas über die speziellen Bedürfnisse meiner Frau gehört hatten. Sie verkauften uns verschiedene geräucherte und ungeräucherte Fische; nur Räucheraal war nicht dabei. Ein ganz

alter Mann kam eigens aus Luckenwalde angereist, um uns eine ganz dünne Wurst zu bringen, die er nach eigenem Rezept geräuchert hatte und die einen eigenartigen Fischgeschmack aufwies. »Beinahe wie Räucheraal«, sagte der alte Mann, und wir bezahlten ihm aus Mitleid noch das Fahrgeld. Seine Wurst war in gewissem Sinne durchaus eßbar; lediglich die beigefügten und durch den Räuchervorgang total versteinerten Gewürzkörner beeinträchtigten den Genuß ein wenig.*

* Der Verfasser betont, daß er mit dieser Mitteilung weder etwas gegen Luckenwalde noch gegen alte Männer sagen wollte.

Zwei kleine Jungen aus der Nachbarschaft erschienen mit einem Plastikeimer voller Stichlinge, die sie persönlich gefangen hatten, und Dr. Hanfried Mangold, der Musiklehrer unserer Tochter, bot ein Paket echten Klippfisch, den ihm seine Großtante aus Norwegen geschickt hatte, zum Tausch an gegen vier Bände Brecht-Stücke (nämlich IV, VI, VII und XII), die ihm seit langem fehlten. Der mit uns befreundete Schauspieler Otto Rabendieck beschenkte uns nach seiner Rückkehr von Filmaufnahmen am Baikalsee mit einigen dort geschätzten getrockneten und dann unverschämt gesalzenen Fischen, genannt *Omul*; den dazugehörigen Wodka mußte ich kaufen.

Dann kündigte unsere langjährige Raumpflegerin, weil sie den Fischgeruch nicht länger ertragen konnte, und um der Wahrheit die Ehre zu geben: Ich begrüßte ihren Entschluß, denn ich hätte sie ohnehin nicht länger bezahlen können. Wir hatten inzwischen einen Kellerraum für Fischkonserven und Räucherwaren frei gemacht, und nach Einbruch der Dunkelheit versuchte ich gelegentlich, etwas von den ungeheuren Vorräten in irgendwelchen Gaststätten zu verkaufen; doch war mein Erfolg gering. Einmal belauschte ich im Autobus ein seltsames Gespräch, das zwei mir gänzlich unbekannte Männer miteinander führten.

»Haste den mit der Brille gesehn, der eben zugestiegen ist?«

»Ja.«

Der mit der Brille war ich.

»Paß mal auf! Wenn du mal irgendwelche ollen Fische hast, die kannste dem verkaufen. Ganz egal was. Der sammelt so was. Ich weiß es von Popping.«

»Wozu sammelt der denn das?«

»Der soll Schriftsteller sein. Vielleicht schreibt er ein Buch über Fische oder so was. Merk dir das mal: wenn du maln ollen Hering hast mitn besonders komischen Kopp oder so — da is der ganz verrückt drauf. Kauft der alles. Soll prima zahlen.«

Vorgestern drängte sich ein leicht angetrunkener Mensch von ungefähr fünfunddreißig Jahren in meine Stube und wollte sie partout nicht eher verlassen, bis ich ihm nicht einen Satz Räucherkerzen abgekauft hatte. Ich beschwor ihn zu gehen, aber er wollte mich verhauen, so daß ich ihn die Treppe hinunterwerfen mußte. Er kam lebendig, aber etwas angestoßen unten an. Dies ist der erste Mensch, den ich in meinem Leben verletzt habe — ich meine: physisch verletzt. Natürlich hat er mich angezeigt.

So tief kann man sinken, wenn die eigene Frau nicht ganz einzusehen vermag, daß es wichtigere Dinge gibt als den Genuß von Räucheraal — beispielsweise die Kybernetik.

Wie wird es nun — ohne mich — meiner Familie ergehen? Wann werde ich meine Frau wiedersehen dürfen?

Darüber wird der Untersuchungsrichter zu entscheiden haben.

●●●●●

Suppe kochen (1946)

Ich bin tot, und das kam so:

Neulich ging ich in die leere Speisekammer und ärgerte mich, weil sie leer war. Eigentlich war sie gar nicht leer. Es waren drin: sieben alte Flaschen, eine Dose mit Ameisenvertilgungspulver, eine Kuchenform und ein Stückchen Plättbrett. Na, davon konnte man ja nichts essen.

Ging ich zum Schieber und wollte Mehl kaufen. Damit hätte ich mir ja Mehlsuppe kochen können. Ich kann nämlich kochen, aber bloß Mehlsuppe. Doch der Schieber sagte: »Ich hab kein Mehl. Bernhard hat welches.« Ging ich zu Bernhard. Na, was soll ich sagen, das Mehl sah ja etwas komisch aus, aber ich nahm es. Auf die kleine rote Haushaltsbezugsberechtigungssonderausweisabschnittskarte gab es Kürbis. Da dachte ich, machst du dir eine schöne Kürbis-Mehlsuppe. Zucker zum Süßen war ja noch im Schrank in der goldgeränderten Tasse mit der Aufschrift: Herzlichen Glückwunsch dem lieben Silberbräutigam! Es war natürlich kein Zucker, sondern zerriebener Perlleim, aber das merkte ich erst, als das Zeug schon in der Suppe war. Herzlichen Glückwunsch dem lieben Silberbräutigam.

Ich dachte: Über so was muß man hinwegsehen, und dann putzte ich den Kürbis. Der war innen ganz hohl, aber der Händler hatte gesagt, die Rinde wäre auch recht schön. Die war auch recht schön, recht schön hart nämlich. Aber mit dem Fuchsschwanz kriegte man sie schon klein. Die Schnipsel ließ ich dann in die Mehlsupe fallen. Na, die fielen erst gar nicht rein, die klebten gleich an der Oberfläche der Suppe fest. Umrühren mußt du! schoß es mir durch den Kopf. Der Löffel war aber weg. Schließlich fand ich ihn, er steckte in der Dose mit Ameisenvertilgungspulver. Inzwischen war meine Suppe übergekocht. Schnell rannte ich hin und drehte das Gas ab. Beim ersten Umrührungsversuch brach der Löffel ab. Da nahm ich beide Hände und wollte mit dem Rest umrühren, der von dem blöden Löffel noch da war. Na, da klebte ich natürlich sofort an der Suppe fest. Der Topf klebte auch fest, nämlich am Herd, seit die Suppe übergekocht war.

Nun stand ich schön dumm da: Vielleicht war das Mehl von Bernhard auch Leim, dachte ich. Ach, wenn es man nur Leim gewesen wäre. Es war aber Zement. So waren meine Hände an die Suppe gemauert, die Suppe an den Topf gemauert, der Topf war an den Herd gemauert, na, und der Herd war an dem Haus fest dran.

Wie soll man da loskommen? Erst fiel mir ein: Vielleicht können sie dich lossprengen, aber da dachte ich an den ollen Zoo-Bunker, bei dem sie das auch nicht geschafft hatten.

Na, und so bin ich eben verhungert.

Suppe kochen (1967)

Es gibt Leute, die auf hausgemachte Suppen schwören, wobei sie es am liebsten sähen, wenn sie auch noch die benötigte Petersilie selber gesät und aufgezogen und das Rindfleisch persönlicher Zucht und Schlachtung zu verdanken hätten. Unter diesen Leuten sind auch heute noch welche, die ihre Nudeln zu Hause manuell fertigen. Das ist mit großem Aufwand verbunden, und wir würden so etwas wohl nie machen, obwohl wir ein Nudelholz* besitzen. Aber jeder mag nach seiner Nudelfasson selig werden. Wahrscheinlich gibt es auch heute noch Menschen, die für sich privat Brot backen oder ihren Kaffee in einer Blechpfanne rösten und eigenhändig im Mörser zerkleinern. Manch einer glaubt eben, eine schöne Tradition zu pflegen, wenn er seine Zeit auf alberne Weise totschlägt.

Der andere Typ des Suppenkochers — um aufs eigentliche Thema zurückzukommen — hält nichts von selbstgewonnenen Brühen, sondern benutzt grundsätzlich nur Suppenwürfel oder -beutel, und am liebsten würde er sich das kochende Wasser auch noch fertig im Laden kaufen, falls es entsprechende Thermophore gäbe. Eine besondere Abart dieses Typus ist mein lieber Kollege Daniel. Wir redeten mal über Suppenpulver und kamen auch auf Erbsensuppenpulver zu sprechen.

* Seit dem Aufkommen der Nudelfabriken dienen Nudelhölzer (zumindest in Witzen) als handliche Waffe bei Ehegefechten.

»Also das mag ich gar nicht«, sagte er, »ich nehme nur Suppen aus Tüten.« Ich gab gern zu, daß einer, der Erbsensuppe ohnehin nicht schätzt, auch für vorfabrizierte Erbsensuppe keine Sympathie haben kann. Darauf Daniel: »Du verstehst mich völlig falsch. Ich *liebe* Erbsen. Aber bedenke doch mal, wie wahnsinnig umständlich das ist. Die Nudelsuppe streue ich einfach ins kochende Wasser; die Erbssuppe aber muß ich vorher in kaltem Wasser anrühren — ein geradezu mittelalterlicher Produktionsvorgang.«

Was mich betrifft, so hänge ich weder der einen noch der anderen Suppenkoch-Richtung an, weil ich zu der Erfahrung gelangt bin, daß man beide Systeme so vernünftig wie möglich miteinander verbinden muß, wenn man sowohl Zeit sparen als auch eine genießbare Suppe im Topf haben will.

Über Suppen sind dicke Bücher geschrieben worden, und ich könnte das auch tun, falls ich es *könnte.* So beschränke ich mich darauf, ein paar meiner kleinen Erfahrungen am Suppentopf mitzuteilen.

1. Es ist eine unbewiesene Behauptung der deutschen Hausfrau, die mehr Vorurteile als Suppenrezepte im Kopf hat, daß man immer dann, wenn Brühe als Zutat verlangt wird, unbedingt ein Pfund Suppenfleisch langwierig auskochen und hinterher mühselig die Knochenkrümel aus der Bouillon herauspulen muß. Die handelsüblichen Brühpasten und -körnchen sind durchaus genießbar. Unsere Brühwürfel hingegen zeichnen sich vor allem dadurch aus, daß sie a) auf verblüffende Weise die Raumfeuchtigkeit anziehen, b) außerordentlich schwierig aus dem Papier herauszupellen sind und c) sich entnervend langsam auflösen.

2. Tüten- und Würfelsuppen sind in fast jedem Fall ohne große Anstrengung einem Doping zu unterziehen, indem man ihnen frische Kräuter, Suppengemüse und eventuell etwas verquirltes Ei hinzufügt. Bei Ochsenschwanzsuppen kann ein Schuß Rotwein zwar kein Wunder wirken, aber doch den diesem Pulver völlig abgehenden Ochsenschwanz-Geschmack vergessen lassen. Und Pilzsuppen gewinnen durch die Beigabe weniger Trockenpilze. *Aber wo kriegt man Trockenpilze her?*

3. Sehr interessant sind Tüten- und Würfelsuppen, deren Packungen uns versprechen, daß sie Fleisch oder Fleischklößchen enthalten. Es waltet da ein dunkles Geheimnis, und die Behauptung, welche so kühn aufgestellt wird, hängt vielleicht mit der Preiskalkulation der Firmen zusammen. Was nachher

in der Suppe herumschwimmt, *kann* man nicht essen. Ich will, um Rechtsstreitigkeiten zu vermeiden, nicht behaupten, das sei nicht irgendwann mal Fleisch oder ein Fleischklößchen *gewesen*, aber es *ist* kein Fleisch mehr. Weiß der Teufel, was sie damit gemacht haben; wahrscheinlich haben sie es so lange unter einem vielbetretenen Linoleumläufer liegen lassen, bis es selber zu einer Art von Linoleum geworden ist. Das ist gewiß eine für die Naturwissenschaftler interessante Metamorphose – um aber herauszufinden, weshalb das kleingeschnipselte Endprodukt ausgerechnet als Suppeneinlage verwendet werden soll, muß man schon ein geübter Metaphysiker sein.

4. Viele Leute vergessen, daß Einlagen wie Nudeln oder Reis auch dann noch quellen, wenn die Suppe nicht mehr kocht. Demzufolge tun sie zuviel davon in den Topf und lassen das Zeug zu lange auf dem Feuer. Eine Suppe, in welcher der Löffel steckenbleibt, ist keine Suppe, sondern ein Pudding.

5. Man spare auch beim Suppekochen mit Salz, aber nicht an Gewürzen. Falls Sie aber keine Gewürze mögen, so servieren Sie am besten von vornherein nur etwas heißes Wasser mit einer darin lecker hin und her schwimmenden alten Nudel.

6. Nicht nur den Soßen, sondern auch den Suppen sollten Sie soviel Mehl wie möglich beziehungsweise im Hause vorhanden zusetzen. Das hat den un-

schätzbaren Vorteil, daß Sie dann den Rest der Suppe immer noch zum Tapetenankleben verwenden können. Nichts umkommen lassen!

Abschließend möchte ich dem freundlichen Leser noch zwei von den vielen Rezepten für köstliche Speisen mitteilen, die ich im Lauf der Jahre gesammelt habe.

Mitternachtssuppe nach Art des Interhotels *

* »Moskau«, Karl-Marx-Stadt.

Man kratze aus den Töpfen des Tages die Reste von Gulasch-, Ochsenschwanz- und Pilzsuppe zusammen, kleckse etwas Bratensoße dazu und schmeiße zum Schluß noch einen Eßlöffel aufgewärmten Sauerkohl hinein. Lauwarm servieren!

Schottische Brühe nach Art des Interhotels **

** »International«, Magdeburg.

Man koche grüne Bohnen mit Hammelfleisch wie bei dem bekannten Eintopfgericht, jedoch ohne Kartoffeln, dafür mit mehr Wasser. Dies ergibt eine Brühe, die insbesondere für die Erfüllung des Umsatzplanes wertvoll sein dürfte.

Fleischbrühe nach Art des Presse-Clubs ***

*** Berlin.

Man koche einen riesigen Topf üblicher Bouillon und salze normal oder ein bißchen mehr. Dann lasse man den Topf so lange auf kleinem Feuer, bis er nur mehr zu einem Viertel gefüllt ist. Das Ergebnis ist bestechend dunkelbraun. Zu jeder Tasse Brühe reiche man sechs bis sieben Flaschen gut gekühltes Bier.

Nun wissen Sie schon ungefähr, wie man es machen soll.
Lernet von den Meistern!

Rezension einer Brühpaste

»Nährmifa« ist nicht die Abkürzung für eine Nähmaschinen- oder Fahrradfabrik, sondern die Kurzbezeichnung, welche sich der VEB Nahrungsmittelwerke in Zwickau gegeben hat.

Die »Nährmifa«-Brühpaste wird zu »24—30 Gramm« in appetitlichen Plastikbechern verkauft, die man auch noch verwenden kann, wenn die vierundzwanzig bis dreißig Gramm Paste »in 1 Liter kochendem Wasser gut aufgelöst« worden sind und eine »schmackhafte Geflügel-Trinkbrühe« ergeben haben.

Die Brühe ist in der Tat schmackhaft. Die Zwickauer Paste kann ehrlich gelobt werden.

Freilich ist sie nur eine von vielen. Im Norden Berlins produziert beispielsweise die Kutzera-KG Brühpasten, die ebenfalls durchaus akzeptabel sind. Die Kutzera-Leute waren sich nur nicht darüber klar, ob sie ihr Produkt *Expreß* oder *Espresso* nennen sollten. Der Streit ging vermutlich lange hin und her, bis man sich zu einem Kompromiß entschloß. Heute heißt die Paste *Expresso.* Dies nebenbei.

Dem Erzeugnis aus Zwickau jedoch eignet etwas ganz Besonderes — vielleicht nicht so sehr dem Erzeugnis selbst als vielmehr dem Etikett auf der Packung. Dort liest nämlich der erstaunte Laie: *»Brühpaste mit Geflügelfleisch (Verwendung von Walfleischextrakt)«.*

Das kann allerdings nur Leute wundern, die in der Schule nicht aufgepaßt haben und daher den Wal irrtümlicherweise für einen Fisch halten.

Tatsächlich handelt es sich beim Wal um das größte fliegende Säugetier, das in der Umgebung von Zwickau vorkommt.

Frage: Können Sie mir das wirkliche Originalrezept für Thüringer Klöße mitteilen?

Antwort: Nein. Es gibt da mehrere wirkliche Originalrezepte, die ich leider nicht alle kenne; würde ich sie aber alle kennen, so wüßte ich doch nicht, welches Sie meinen.

Weitgereiste Kloßforscher haben bei Ihren Streifzügen durch Thüringen festgestellt, daß die wirklichen Originalrezepte für die berühmten Thüringer Klöße nicht nur nach Landkreisen und Ortschaften anders angegeben werden, sondern auch innerhalb der einzelnen Siedlungen, Straßen, Familien auffallend differieren. Es kommt sogar vor, daß ein und dieselbe Hausfrau je nach der Jahreszeit, dem Stand der Ernte, dem eigenen Lebensalter oder den Luftfeuchtigkeitsverhältnissen verschiedene wirkliche Originalrezepte nennt. Jeder um entsprechende Auskunft befragte Thüringer schwört auf sein Rezept. Bei den Unterschieden handelt es sich teilweise um schwer fixierbare Unwägbarkeiten: das beginnt beim Prozentsatz der rohen beziehungsweise der gekochten Kartoffeln und endet noch längst nicht bei den verschiedenen Würz- und Färbezusätzen, als da sind Schwefeldochte, Heringsgräten, Muskatnuß, Safran, gerösteten Brotwürfeln, ungerösteten Brotwürfeln, Spalttabletten, Lindenblütenhonig, gestoßener Kies, Gänseblümchenöl, Beifuß, Beiarm, Polyisobutylene*, Puderzucker, Hirschhornsalz und so weiter und so fort. Insgesamt wurden bislang 18 972 wirkliche und beschworene Orginalrezepte für Thüringer Klöße gezählt, die wir wegen des Papiermangels hier nicht abdrukken können.

* Nur in Industriestädten gebräuchlich.

●●●●●

Pellkartoffeln

Pellkartoffeln (die übrigens auf der nordfriesischen Insel Pellworm von dem früher sehr bekannten Onkel Pelle erfunden worden sind) lassen sich verhältnismäßig leicht zubereiten, da man sie vor dem Kochen nicht zu schälen braucht. Die Schwierigkeit besteht lediglich darin, nach dem Garen irgendeinen Menschen dazu zu überreden, die Kartoffeln zu pellen; natürlich verbrennt sich kein Mensch freiwillig die Fingerspitzen.

Wesentlich einfacher ist der Verzehr von Pellkartoffeln, die in einem offenen Feuer hergestellt worden sind. Die brauchen nämlich nicht gepellt zu werden, weil man die verbrannte Schale mitessen kann, die zugleich das Salz ersetzt. Man wird beim Verzehr dieses Gerichts auf eine verblüffende Art schmutzig im Gesicht. Auch das Abbrennen eines offenen Feuers in der Küche oder auf dem Teppich im Wohnzimmer macht namentlich den lieben Kleinen viel Spaß.

Wer die beschriebenen Begleitumstände bei der Zubereitung von Pellkartoffeln scheut, kann an ihrer Stelle auch Nudeln verwenden, die besonders gut zu eingelegten Heringen passen. Am besten ist es jedoch, wenn man Schrippen nimmt, weil man sie nicht zu kochen braucht.

●●●●●

Frage: Was versteht man eigentlich unter Hausmannskost?

Antwort: Hausmannskost wird nicht, wie der Name zu sagen scheint, von Hausmännern gekocht, sondern soll von diesen gegessen werden. Meiner Erfahrung nach möchte ich vereinfachend behaupten, daß *Hausmannskost* ein Synonym für Phantasielosigkeit ist. Auf dem Umstand, daß viele Hausmänner genauso phantasielos sind wie die dazugehörigen Hausfrauen, beruht das Geheimnis mancher guten Ehe.

●●●●●

Nudelessen im wissenschaftlichen Zeitalter

Unterhalb des Kinns, so hätte man sich wohl früher ausgedrückt, befindet sich der Hals. Jemand, der sich heute dermaßen vulgärer Formulierungen bedienen wollte, ist hinter der Epoche zurückgeblieben und paßt nicht recht in unser wissenschaftliches Zeitalter. Denn seit fortgeschrittene Zeitgenossen ihre Bartstoppeln auf elektromechanischem Wege zu entfernen pflegen, weiß jedes Kind, was unterhalb von Pappis Kinn liegt, nämlich die *Problemzone des Mannes.* Diese wichtige Erkenntnis verdanken wir, die wir die Problemzone des Mannes bis dato vielleicht ganz woanders vermutet hatten, der von der elektromechanischen Industrie geförderten Trockenrasierwissenschaft.

Für den Mann von heute ist es zweifellos ein erhebendes Gefühl, eine *Problemzone* zu glätten, wo der Großvater noch mit dem scharfen Messer seinen simplen Adamsapfel abkratzen mußte. Natürlich ist die Pflege einer Problemzone aufweniger als die eines Adamsapfels. Einst genügten Seife, Messer und Wasser; der moderne, wissenschaftlich vorgehende Rasierer dagegen braucht zumindest das Rasierwasser *Elektrolyt mit Bartolid-Zusatz**, um vor der Rasur den *Haarverstorrungseffekt VS 7* zu bewirken. Und nach der Rasur kann er schlechterdings nicht ohne das Spezialöl *Glutamol-Kinnglanz* mit der *hautpflegenden Extra-Vitamin-Komplexkomponente* auskommen.

Was der Männerbacke und dem Kinderpopo recht ist, kann der Fensterscheibe nur billig sein. Also hat mir die Seifenhändlerin einen Reklamezettel in die Hand gedrückt: »*Glitzguck-Fensterklar* reinigt optisch überzeugend … Und das ist der Fortschritt in der *Glitzguck-Fensterklar-Methode*: unser Präparat besitzt eine Komponente mit ausgeprägt antistatischer Wirkung, welche eine erneute Anschmutzung verzögert.«

Ich ging auf dem schnellsten Wege nach Hause und sagte zu meiner Frau: »Entschuldige bitte, daß ich dich kritisiere – aber wäre es nicht endlich an der Zeit, daß auch wir unsere Fensterscheiben *optisch überzeugend* putzen?«

»Das wird nicht leicht sein«, antwortete sie, »denn dazu bist du nicht fotogen genug.«

* Die Warennamen sind von mir, die später zitierten dazugehörigen Redensarten jedoch von den Herstellern erfunden worden.

»Quatsch mit Soße«, warf ich ein, »nicht ich, sondern das Fenster soll optisch überzeugen. Wir leben im wissenschaftlichen Zeitalter, demzufolge haben auch unsere Glasscheiben einen Anspruch auf eine Komponente mit ausgeprägt antistatischer Wirkung, welche eine erneute Anschmutzung verzögert. Diese Komponente aber findet sich nur in *Glitzguck-Fensterklar* – das weiß heute jeder Affe.«

»Ein Glück, daß wir auch einen in der Familie haben«, sagte meine Frau, und damit schien das Thema erschöpft zu sein. Wir setzten uns an den Mittagstisch, es gab Bandnudeln mit moderner *Tomatensoße* *, und es schmeckte mir recht gut, aber dennoch breitete sich ein leises Unbehagen in meiner Mundhöhle aus. Bald fand ich heraus, was es war: ich spürte ein unwissenschaftliches Teigwarengefühl aufkommen. Taktvoll, aber bestimmt erkundigte ich mich bei meiner Frau, ob sie die Bandnudeln auch entsprechend den einschlägigen lebensmittelchemischen und -physikalischen Vorschriften gekocht habe.

»Zehn Minuten lagen sie im sprudelnden Salzwasser«, sagte sie, »so wie es auf der Packung steht.«

Mißtrauisch griff ich nach dem leeren Karton und las die wissenschaftliche Kochanleitung. »Siehst du«, sagte ich, »du hast natürlich wieder etwas überse-

* Moderne, aufgeschlossene Menschen bevorzugen die doppelt fermentierte Rotkunst-Tomatenpulver-Tunke, die ohne jeden Zusatz der veralteten Natur-Tomate, statt dessen aber mit dem zahnfleischschonenden Wirkstoff *Stippodent* hergestellt wird.

hen. Hier steht doch weiß auf blau: *Garpunkt durch Kauprobe feststellen!«*

Meine Frau gestand mir, daß sie die Feststellung des Garpunkts durch Kauprobe aus reiner Nachlässigkeit versäumt habe. »Ich will es nie wieder versäumen«, versprach sie, fügte allerdings mit typisch weiblicher Rechthaberei hinzu: »Im übrigen *sind* die Nudeln doch gar.«

»Das nützt mir gar nichts, wenn der Garpunkt nicht vorher durch Kauprobe festgestellt worden ist. In unserer Epoche können wir nicht drauflos-kochen und essen wie früher die Neandertaler. Im wissenschaftlichen Zeitalter ist das Nudelessen zwar komplizierter, dafür aber auch befreiender und schöner geworden.« Unter solchen und ähnlichen methodisch-analytischen Diskussionen beendeten wir gemeinsam die Kauprobe.

Tiefgefrorene Rätsel nebst einer Lösung

1 Der Griff des Selbstbedienungs-Kunden in die Tiefkühltruhe beschert ihm zuweilen nicht nur gesunde Kost, sondern auch erfrischenden Denksport.

Manche der Fragen, die einem da gestellt werden, sind allerdings leicht zu beantworten. So konnte ich eine gewisse Gebrauchsanweisung schnell übersetzen; sie lautet: »Tiefgefrorener MIRELITE Blumenkohl soll möglicherweise am Tage der Verzährung gekauft werden. Kann bei Zimmertemperatur 1–2 Stunden, im Eisschrank 12 Stunden, im Gefrierfach 3 Tage lang aufbewahrt werden. Mit dem Kochen des MIRELITE Blumenkhols kann in tiefgefrirenem Zustand begonnen werden.«

Ich glaubte richtig zu vermuten, daß der Blumenkhol möglicherweise am Tage des Kaufs verzährt werden soll, und machte mich sogleich daran, mit dem Kochen zu beginnen. Und ich muß gestehen, daß der Blumenkhol recht schmackhaft war, obwohl ich mich nicht – wie die Vorschrift verlangt –, ehe ich ihn kochte, in einen tiefgefrirenen Zustand versetzte. Mir ist in unserer Küche zu dieser Jahreszeit sowieso schon immer so kalt.

2 Einige Tage später wollte ich Feinfrost-Kartoffelsuppe mit Feinfrost-Bockwurst zubereiten, weil das so schnell geht, denn man braucht höchstens anderthalb Stunden, um den Perfolbeutel fetzenweise von dem vereisten Suppen-Quader zu lösen. Doch ich verwechselte eine grüne Pappschachtel mit der anderen, und zu Hause hielt ich überrascht einen Karton mit BROKKOLI in den klammen Fingern.

Was ist Brokkoli? Wie ißt man Brokkoli?

Ich legte die geheimnisvolle Packung ins Gefrierfach des Kühlschranks und radelte noch einmal zum Selbstbedienungsladen, um die freundlichen Verkäuferinnen zu befragen.

»Dis is so was Ähnliches wie Spargel, bloß etwas anders im Geschmack«, sagte die Kollegin an der Kasse.

Aber ihre Chefin widersprach: »Nee. Det is ne Art Jrünkohl, bloß ohne Blätter. Aber ick wer mal Elly rufen, die kennt sich in sowat aus.«

Elly eilte herbei, legte sinnend die Hand ans Kinn und riet dann: »Haben Sie denn nich auf die Packung nachjekuckt? Auf die Packungen steht doch immer alles jenau aufjedruckt.«

Auf *die* Idee war ich gar nicht gekommen, und nach einigen herzlichen Worten des Dankes eilte ich wieder in die heimische Küche.

Auf der Packung fand sich kein einziges Wort über die Eigenart des Inhalts. Nur das dunkle Wort BROKKOLI sah mich ernst und rätselhaft an. Aber wozu hat man denn ein Lexikon?

»*Brokkoli* (ital.) Pl., Brassica, olearacea var. botrytis subvar. cymosa ...« Aha, dachte ich. »... Gemüsekohl mit lockerem, blumenkohlähnlichem Blütenstand ... Genossen werden die Stiele der Blütenstände.« Na also!

In der Schachtel indes fanden sich auch die Blütenstände.

Kann mir vielleicht jemand sagen, wie man die Blütenstände eines Gemüsekohls zubereitet, von dem man nur die Stiele zu genießen pflegt, die ihrerseits so was Ähnliches sind wie Spargel beziehungsweise eine Art Grünkohl?

Die Auskunft müßte mich allerdings bald erreichen, weil man auch Brokkoli in tiefgefrirenem Zustand nicht ewig lange aufbewahren kann und weil sich ein baldiger Verzähr empfiehlt.

In diesem Sinne schrieb ich an die Zeitung.

3 Eine ungenannte liebenswürdige Dame gab mir den folgenden beherzigenswerten Rat:
»Brokkoli wird in wenig Wasser weichgekocht, mit Salz und Pfeffer bestreut, in Butter oder Öl geschwenkt und mit Zitronenscheiben garniert. – Oder: Vier Eßlöffel saure Sahne werden mit einem Teelöffel Meerrettich, einem Teelöffel Senf und etwas Salz gemischt, und der Brokkoli wird in dieser Sauce langsam weichgedünstet. Natürlich kann man ihn auch, weichgedünstet, als Salat verwenden.«

Ich darf hinzufügen, daß Brokkoli auch in holländischer Sauce ganz ausgezeichnet schmeckt und dann gar nicht mehr an Brassica, olearacea var. botrytis subvar. cymosa erinnert.

Knoblauch-Vision

Immer wieder hört man, wie gesund und lebensverlängernd der Genuß von Knoblauch ist oder sein soll. Knoblauchesser, so heißt es, werden steinalt. Ich stelle mir das so vor, daß es in den hauptsächlichen Knoblauch-Ländern kaum Einwohner gibt, die jünger sind als hundert Jahre. Das muß ein merkwürdiges Bild sein: lauter Opas, die allesamt so gesund riechen.

Spießer

Meyers Neues Lexikon klärt seine Benutzer auch darüber auf, was man unter *Spießern* versteht, und wer das wissen will, muß unter *Spießbürgern* nachsehen:

»*Spießbürger:* ursprünglich der nur mit einem Spieß bewaffnete Kleinbürger; *übertragen* (auch *Spießer*) beschränkter, kleinlich denkender Mensch.« Das ist zweifellos zutreffend, bedarf aber noch einer Ergänzung.

Der moderne Kleinbürger schlägt seine Schlachten nämlich mit sogenannten Party-Spießchen, die im allgemeinen aus farbigem Plastmaterial gefertigt sind und dazu dienen, diverse Brot-, Wurst- und Käsehappen zusammenzuhalten. Kommen Gäste ins Haus, von denen der moderne Kleinbürger offenbar annimmt, daß sie nicht imstande sind, Messer und Gabel zu handhaben, so kriegen sie diese Dinger angeboten, weil sie so hübsch bunt aussehen und weil die Miniaturstullen auf Party-Spießchen so schön schnell vertrocknen, wovon geplagte Familienmitglieder ein Lied zu singen wissen, die das Zeug noch tagelang nach der Party herunterwürgen müssen, denn die Gäste essen niemals alles auf.

Vom Umgang mit Kochbüchern

Conrad war dabei, zwei große Reisekörbe zu öffnen, die am selben Morgen angekommen waren.

Sie enthielten eine ungeheure Sammlung von Büchern jeder Größe und jeden Alters. Viele hatten Titel in fremden Sprachen, und während Harold Conrad beim Auspacken half, wuchs seine Neugierde.

»Das sind alles Kochbücher«, erklärte Conrad.

Harold war sprachlos.

Conrad erzählte ihm, daß er unentwegt Kochbücher lese, vor allem nachts.

Außer den Büchern gab es Dutzende von Ordnern, voll von ausgeschnittenen Rezepten.

Als er in den Büchern blätterte, entdeckte Harold alle möglichen Arten von Randbemerkungen. Conrad sagte ihm, das seien seine Notizen – Verbesserungen, Zusätze, Hinweise auf andere Bücher etc. Mit einer gewissen Ehrfurcht fragte ihn Harold, ob er jemals selbst ein Kochbuch verfaßt habe, und Conrad zeigte ihm Stapel von Notizbüchern, voll von enggeschriebenen, geheimnisvollen Formeln – alles Spezialrezepte und Methoden, die er selbst entwickelt hatte.

Die Bücher schienen alle Gebiete zu umfassen. Außer den allgemeinen Kochbüchern gab es Bücher für Spezialitäten – Bücher über Saucen, Marinaden, bestimmte Fleischstücke, verschiedene Fleischsorten, Wild, Fisch, Geflügel, seltene Gemüse, Eier, Käsesorten, Weinspeisen, Bierspeisen, Sommergerichte, Wintergerichte, Salate, Eintopfgerichte, Pasteten, Kuchen, Puddingarten, Eierspeisen. Auch Bücher über verschiedene Diäten gab es.

Ja, es gab sogar ein Buch über Katzenfutter.

Harry Kressing (»Der Koch«)

In früheren Kochbüchern begann ein Rezept ungefähr so:

Man nehme 1 Kilogramm Butter, 40 Eigelb und verrühre dies 45 Minuten. Ja, die Aufzählung der übertrieben verwendeten Zutaten nahm kein Ende, die Beschreibung der Rezepte war ermüdend, und ihre Befolgung nahm viel Zeit in Anspruch. Heute ist das alles anders.

Emil und Lukacs Turos (»So kocht man in Ungarn«)

Alles ist heute nicht anders. Nach wie vor gibt es originelle Kochbücher, die uns beispielsweise eine Fasanensuppe empfehlen (Zutaten: 1 Fasan, 300 g gemischtes Wurzelwerk, 1 Zwiebel, 2 Zehen Knoblauch, 3 g Pfefferkörner, 2 Wacholderkörner, Salz, 20 g Tapioka). Je nun! Woher soll unsereiner so mir nichts, dir nichts einen Fasan nehmen? Von Tapioka gar nicht zu reden! Und Knoblauch vermochten wir im Jahre 1967 überhaupt nicht aufzutreiben.

Dennoch macht die Lektüre des zitierten Kochbuchs viel Spaß, weil wir uns eine Fasanensuppe immerhin *vorstellen* können.

Ferner werden moderne Kochbücher offeriert, deren Rezepte weniger Zeit in Anspruch nehmen. Sie lauten etwa so : »*Kartoffelsuppe.* Die geschnittenen Möhren, Sellerie und das Suppengrün mit 1 Eßl. Fett andünsten, dann mit ½ l Wasser oder Gemüsebrühe auffüllen und die geschälten und gewürfelten Kartoffeln dazugeben und gar kochen. Mit dem Rest des Fetts und dem Weizenschrot eine helle Schwitze bereiten, mit Brühe oder Wasser auffüllen, aufkochen lassen und zu den Kartoffeln geben. Mit Salz abschmecken. Zum Schluß die gehackte Petersilie daruntergeben.«

Das ist ein anständiges Rezept, aber um eine solche Kartoffelsuppe kochen zu können, braucht kein Mensch ein Kochbuch, weil ihm seine Oma oder die Tante Paula oder die Nachbarin das auch sagen können. Wenn ich meine Zeit für das Lesen eines Kochbuchs verwende, so tue ich das nicht, um Geheimtips zu erfahren von jener Art, daß man Kartoffeln zur Zubereitung von Salzkartoffeln vorher schälen und waschen muß. Ich wünsche mir vielmehr Denkanstöße, wie sie phantasievolle Kochbücher zu geben vermögen, und selbst wenn man zufälligerweise gerade keinen Fasan im Haus hat, so kann einen unter Umständen die Beschreibung einer Fasanensuppe mehr anregen als irgendeine hausbackene Kartoffel-Weizenschrot-Plattheit, so gut und gesund sie immer gemeint sein mag.

Die beste Art, mit Kochbüchern umzugehen, ist die, daß man sich nicht einbilden darf, man könnte nach ihren Rezepten tatsächlich *kochen.* Was man indes immer kann: sich die beschriebenen Speisen ausmalen; und auch das ist eine appetitliche Beschäftigung, die vielleicht nicht immer sättigt.

Ein ganz offensichtlicher Mangel nahezu aller Kochbücher ist, daß sie wohl exakt die benötigten Zutaten nennen, fast niemals aber die benötigten Gerätschaften. Mir ist da nur eine rühmenswerte Ausnahme bekannt, nämlich ein für Kinder bestimmtes Kochbuch von Majoll Büttner, das vor Jahren im Kinderbuchverlag erschienen und mittlerweile leider vergriffen ist; daraus erfährt der Leser auch bei jedem Rezept, welche Tiegel, Pfannen, Siebe und so weiter er bereitzustellen hat.

Der Autor dieses Buches ist ohnehin ein Pechvogel, und daher passiert es ihm immer wieder, daß er, ein auf dem Notenpult befestigtes Kochbuch vor

Augen, auf dem Küchenherd mit der einen Hand eine Soße mit dem Schneebesen schlägt, mit der anderen die Filetscheiben in der Pfanne umwendet, und dann plötzlich den gedruckten Befehl erfährt: »Und nun geben Sie die feingewiegte Petersilie in eine vorgewärmte Kasserolle mit flüssiger Butter. Kleine Flamme! Ständig umrühren!« Schrecklicherweise bin ich mit einem fatalen Gebrechen behaftet — ich habe nur *zwei* Hände.

●●●●●

Frage: Wir wohnen in einer größeren Siedlung, und die Läden sind ziemlich weit entfernt, so daß wir immer mit dem Fahrrad zum Einkaufen unterwegs sind. Das geht auch soweit ganz gut, nur schwappt beim Transport über die holperigen Straßen regelmäßig die Milch aus der Kanne. Meistens gehen auch die Eier kaputt, laufen in die Einholetasche und verkleistern alle anderen darin befindlichen Lebensmittel. Läßt sich das abstellen, und wenn ja — wie?

Antwort: Nichts einfacher als das! Kaufen Sie künftig statt der Frischmilch einen Karton Milchpulver. Die Eier aber schlagen Sie zweckmäßigerweise gleich im Laden in die nun frei gewordene Milchkanne, aus der sie nicht in die Einholetasche schwappen werden, weil sie — wie Sie richtig bemerkt haben — von klebriger Konsistenz sind.

Die gedopten Kartoffelpuffer

Wie alle aufgeschlossenen Menschen erwarten auch wir von der flimmernden Mattscheibe und von denen, die sie zum Flimmern bringen, nicht nur launige Unterhaltung, sondern auch nützliche Belehrung. Und gerade Leute, die zuweilen ratlos vor ihrem Kochherd stehen, sind für diesbezügliche detaillierte Anregungen mehr als dankbar.

»Guten Abend, meine Damen und Herren daheim an den Bildschürmen —

ich darf mich Ihnen als Ihr neuer Fernsehkoch vorstellen. Bevor ich mich vorstelle, möchte ich Ihnen allen zunächst einmal einen schönen und netten guten Abend wünschen! Also: guten Abend allerseits. Wenn ich mich nun einmal *ganz kurz* vorstellen kann, also: darf, sozusagen — ich bin Ihr neuer Fernsehkoch Peter Plattmesser. Mein Name ist Peter Plattmesser, Peter wie Schwarzer Peter, Platt wie eine Flunder und scharf wie ein Messer — *Plattmesser.* Ja, und da wären wir auch schon mittendrin im Anfang unserer neuen Sendereihe ›Die erzählte Küche‹. Als Ihr neuer Fernsehkoch habe ich ein wundervolles altes Rezept aus dem wundervollen alten Sparstrumpf meiner wundervollen alten Omi herausgeklaubt. Es handelt sich um die *Märkischen Reiblinge*, jawohl, um die Märkischen Reiblinge. Nur nicht gleich nervös werden, meine Damen und Herren, Sie sollen sogleich alles über die Märkischen Reiblinge erfahren. Also, wenn ich zunächst einmal ganz kurz den *Namen* des Gerichts nennen darf: Märkische Reiblinge. Ich mache Ihnen hier nun erst mal ein bißchen was vor, und dann erzähle ich es Ihnen noch mal langsam, so daß jeder mitschreiben kann, und falls einer nicht schreiben kann, so hat er bei mir Zeit genug, alles hübsch auswendig zu lernen. Doch zurück zur Großmama, zurück zu unserem alten, einfachen und dennoch so pikanten Gericht, genannt Märkische Reiblinge. Sie haben ganz richtig verstanden: *Reib-linge*, abgeleitet von dem bekannten Tu-Wort *reiben*. Wir leiten nämlich, ich wollte sagen: wir reiben nämlich — Pardong, meine Damen und Herren am Schürm —, wir reiben einige Kartoffeln, oder wir tun dieselben in unsere fabelhafte neue Küchenmaschine ›Rubbelmaxe‹ hinein, und zwar hier oben in die Öffnung, die sich da befindet, wo es offen ist, so so, so, und dann werfen wir den Motor an, so, rrr-pffft, nanu, der will wohl nicht, das werden wir gleich haben, rrrrrrr, so, das hätten wir! Und schon kommt hier unten der Reiblings-Teig herausmarschiert — da, sehen Sie selbst! Noch etwas sehr Wichtiges, wenn ich das einmal ganz kurz sagen darf: *vor* dem Reiben werden die Kartoffeln geschält und gewaschen. Also aufgemerkt: die Kartoffeln schälen, waschen und *dann* reiben. Das Produkt geben wir anschließend in eine Schüssel.

Für diejenigen Damen und Herren, die sich erst jetzt zugeschaltet haben, darf ich ganz kurz einmal sagen: Ich bin der neue Fernsehkoch und will gerade hier kurz einmal sagen, was es mit den Märkischen Reiblingen auf sich

hat, einem bewährten Hausmachergericht aus der bewährten Hausmachertruhe der bewährten Oma. Wir benötigen dazu geriebene Kartoffeln, die vorher geschält und gewaschen worden sind und die sich bereits – sehen Sie: so, so, so in dieser Schüssel befinden. Und nun stäuben wir ein wenig Mehl – so, so – darüber, und dann würzen wir den aus geriebenen, vorher geschälten und gewaschenen Kartoffeln hergestellten Teig mit ein wenig Salz – sss, sss – und einer Spur Pfeffer – pffft – und rühren das Ganze kräftig durch und geben noch zwei rohe Eier hinzu. Ohne Schale, meine Damen und Herren, *ohne* Schale, bitte! So: krach, krach, fluuutsch. Noch einmal durchrühren bitte, und nicht vergessen: die Kartoffeln vorher schälen und waschen, bitte sehr. Inzwischen haben wir mit unserer dritten Hand eine Pfanne mit Öl auf den Herd gestellt, und in das heiße Öl geben wir nun – klacks, klacks – kleine Häufchen unseres Reibling-Teigs, der aus geschälten, gewaschenen, geriebenen und dann mit Mehl und zwei Eiern ohne Schale gebundenen Kartoffeln besteht und mit Salz und Pfeffer gewürzt ist. So, und jetzt drücken wir die Häuflein breit – zisch, zisch – und braten die Reiblinge goldbraun. Dann wenden wir sie um mit diesem Umwendling hier; Sie können natürlich auch einen Schaumlöffel, eine Kohlenschippe oder etwas Ähnliches benutzen. Nun brät die andere Seite, so, so, und dann sind die Märkischen Reiblinge fertig. Dazu gibt man, wenn ich das ganz kurz einmal sagen darf, Preiselbeeren, Zwiebelsalat oder eine Schmalzbemme mit Roten Beeten, ganz nach Geschmack, Jahreszeit und Alter. Eigentlich wollte ich Ihnen an dieser Stelle noch eine passende Anekdote erzählen, aber woher nehmen! Vielleicht schikken Sie mir mal etwas Nettes, meine Damen und Herren an den Bildschürmen? Unsereiner ist ja schon durch die Beschaffung der originellen Rezepte mehr als überlastet, das hält doch kein Mensch aus auf die Dauer. Wenn ich Ihnen die Märkischen Reiblinge, ehe ich Sie Ihnen ans Herz lege, noch einmal ganz kurz im Telegrammstil vorkauen darf: Kartoffeln schälen, waschen, reiben, mit Mehl einstäuben, Salz, Pfeffer, zwei Eier ohne Schale dazu, gut umrühren und in heißem Öl braten, und zwar von beiden Seiten, also erst die untere von unten und dann die obere auch von unten, was durch *Umdrehen* des Reiblings ermöglicht wird. Dazu ganz nach Wahl eingelegte Erdnüsse, frischen Quasselsalat oder kandierte Filzlatschen. Und schon ist meine kurze Zeit wieder abgelaufen; beachten Sie daher bitte die nun folgenden Schrifttafeln, auf denen alles noch einmal klitzeklein aufgemalen ist. Ich verabschiede mich mit einem kräftigen ›Guten Appetit‹ für alle Esser – Ihr stets ergebener Peter Plattmesser.«

Gern hätte ich diese Reiblinge einmal gekostet, aber wir haben sie nicht zubereitet. Meine Frau war nämlich nach Herrn Plattmessers Auftritt schon satt. Und was mich betrifft, so kann ich sehr komplizierte Angelegenheiten einfach nicht so schnell begreifen.

Wie war das? Sollte man die Eier vor dem Reiben waschen? Und wenn ja – womit? Und warum?

●●●●●

Frage: Seit über fünfundzwanzig Jahren backe ich Käsekuchen, der in der Röhre sehr schön aufgeht, aber nach dem Herausnehmen regelmäßig in sich zusammenfällt. Mein Mann und die Kinder (schon verheiratet) nennen das Endprodukt, obwohl sie es seit mehr als fünfundzwanzig Jahren mit Appetit verspeisen, hämisch »Klietschkuchen«.

Antwort: Ich weiß leider nicht genau, worauf Sie eigentlich hinauswollen. Wenn Ihr Käsekuchen dem Gatten und den Kindern schmeckt, ist es doch ziemlich gleichgültig, ob sie ihn »Klietschkuchen« oder sonstwie nennen.

Sollte Sie aber das regelmäßige Zusammenfallen des Kuchens stören, das merkwürdigerweise immer dann erfolgt, wenn der Kuchen Sie zu Gesicht kriegt und wenn Sie ihn zu Gesicht kriegen, so fühle ich mich überfragt. Das beste wäre wahrscheinlich, Sie gingen gleich nach dem nächsten Backen mit Ihrem Klietschkuchen zu einem Psychiater.

Psychiater

Vorzüge feingefrosteter Petersilie

Die Kooperationsgemeinschaft GPG »Berliner Norden« und VEB »Kühlbetrieb Berlin« hat vor einiger Zeit Feinfrost-Petersilie auf den Markt gebracht, die fünfziggrammweise in Stanniol abgepackt ist, demzufolge wie Tabakspäckchen aussieht und fünfzig Pfennig kostet. Das Kraut ist bereits gewaschen und gehackt — ein geradezu unschätzbarer Vorteil.

Eine Hausfrau von echtem Schrot und so weiter wird so etwas natürlich ablehnen, und dies besonders in Jahreszeiten, zu denen allenthalben auch frische Petersilie angeboten wird. Ich schwöre dennoch auf die gefrorene, und dies aus zwei Grünen.

Erstens ist meine Frau, was das Waschen von Gemüsen und Kräutern angeht, außerordentlich pingelig; allemal behauptet sie, die Mohrrüben oder der Porree würden »nach Sand schmecken«. Bei dieser Petersilie ziehe ich dann einfach eine Augenbraue hoch und sage: »Das ist sehr interessant, mein Liebling, aber nicht für mich. Einschlägige Beschwerden bitte ich an die Kooperationsgemeinschaft GPG ›Berliner Norden‹ und VEB ›Kühlbetrieb Berlin‹ zu richten.«

Zweitens spart man bei der feingefrosteten Petersilie vielleicht nicht an Geld, ganz gewiß jedoch an Zeit. Jeder Leser, der selber schon einmal Petersilie gehackt hat, wird verstehen, was ich meine. Es ist weniger das Hacken selbst, das einen entnervt, als vielmehr das Abstreifen der gehackten Petersilie vom Hackmesser auf den Finger, vom Finger wieder auf das Hackmesser, von diesem wieder auf jenen und so weiter bis ins Unendliche. Das Hacken von fünfzig Gramm Petersilie dauert, wenn man das Abstreifen des zerkleinerten Krauts vom Messer beziehungsweise vom Finger dazurechnet, mindestens eine halbe Stunde. Und die Erlösung von dieser Quälerei sollte nicht fünfzig Pfennig wert sein?

Frage: Kann man geriebene Semmel nur aus Semmel herstellen oder auch aus Schrippen?

Antwort: Natürlich nicht. Das letztgenannte Material ergibt nach dem Reiben bekanntlich Schrippengranulat.

Ein Menü für die Familie

Nicht selten bin ich gefragt worden: »Warum kochen Sie?« Nun könnte man ganz blöd antworten: Weil ich Hunger habe. Dies ist aber tatsächlich der Grund, jedenfalls bei mir; der Komponist Paul Dessau hat mir gesagt, als ich mich bei ihm erkundigte, ob er auch koche: »Ja, vor Wut.« Mich hat die Gastronomie, auf die ich früher sehr angewiesen war, zum Kochen gebracht.

Ich kann mich des Eindrucks nicht erwehren, daß in unserer zeitgenössischen Gastronomie nicht mehr die Köche, sondern die Innenarchitekten den Ton angeben. Und die Keramiker. Und die Maler. Und so weiter. So liest man in der Zeitung: »Man trinkt aus hübschen kaffeebraunen Services, die eigens für dieses Boulevard-Café angefertigt wurden.« Na gut. Aber *was* trinkt man? Ist der Kaffee auch kaffeebraun? Oder gelb wie Tee?

»Nach Mitteilung des HO-Kreisbetriebes wird das Restaurant in der nächsten Zeit noch mehr stilgerechte Einrichtungsgegenstände bekommen ... Die Ober werden in Nationaltracht ihre Gäste bedienen ...« Keine Rede von Küche und Rezepten. »Das verlockende Angebot ist einer grafisch außergewöhnlichen Speisekarte zu entnehmen.« Das ist natürlich sehr schön, kann aber einen hungrigen Gast vielleicht nicht *völlig* zufriedenstellen.

Als Kind sagte ich: »Es schmeckt schön.« Und dann rügte meine Mutter: »Das Essen schmeckt nicht schön, sondern gut.« Heute schmeckt es schön. Das Eisbein ist zwar fad, aber das Sgrafitto an der gegenüberliegenden Wand zeugt von Geschmack. Wenigstens etwas!

Wir leben im Zeitalter der innenarchitektonischen und kunstgewerblichen Gastronomie. Früher einmal kam es darauf an, *was* man aß. Später, so scheint mir, wurde der allergrößte Wert darauf gelegt, *wie* man aß. (Das ist gewiß auch sehr wichtig. Schon wegen der neuzeitlichen kleinen Wohnungen können wir nicht mehr alle die abgenagten Knochen in der Manier von Heinrich dem Achten hinter uns werfen.)

Nach den Kriegen, in den Elendszeiten, spielte natürlich die größte Rolle, *daß* man aß. Heute kommt es offenbar darauf an, *wo* man ißt.

Was das folgende kleine Menü betrifft, so ist es völlig gleichgültig, wo Sie es einnehmen. Sie benötigen dazu kein Renaissance-Speisezimmer und auch keine grafisch außergewöhnliche Speisekarte; zum Auftragen sind nicht einmal Nationaltrachten erforderlich.

Ohne gewisse Zutaten ist natürlich kein Menü herzustellen, und da liegt der Hase meistens nicht im Pfeffer, weil man entweder keinen Hasen oder keinen Pfeffer im Hause hat, oder beides nicht. Auch das Einkaufen will richtig organisiert sein. Meine Frau beispielsweise vergißt, wenn sie einholen geht, zuweilen die Hälfte. Deshalb nehme ich ihr manchmal diese Arbeit ab. Vorher schreibe ich alles, was wir brauchen, gut leserlich auf einen Zettel. Und

dann gehe ich los. Und im Laden merke ich, daß ich vergessen habe, den Zettel mitzunehmen.

Die genauen Mengen der Zutaten niederzuschreiben fällt mir schwer. Erstens weiß ich nicht, für wie viele Esser Sie kochen; zweitens weiß ich nicht, wieviel Sie essen; drittens weiß ich nicht, ob Sie beispielsweise Kümmel überhaupt mögen — und so weiter. Beispielsweise brauchen Sie für die Zwiebelsuppe nach Onkel Felix, wie schon der Name sagt, zwar keinen Onkel Felix, aber Zwiebeln; meiner Meinung nach für drei Personen 400 g, das sind ungefähr acht mittelgroße Zwiebeln. Bekanntlich ist die Zwiebel ein Gemüse, bei dessen Zerkleinerung man gelegentlich auch aus Freude darüber weint, daß man eine Zwiebel hat. Sollten sich nun nur *sieben* Zwiebeln im Haus befinden, so läßt sich die Suppe dennoch zubereiten. Ich will Sie doch nicht wegen einer einzigen Zwiebel auf die Straße und zum Gemüseladen hetzen!

Und nun wünsche ich Ihnen viel Spaß beim Kochen, beim Essen und vor allem natürlich beim Abwaschen.

Zwiebelsuppe nach Onkel Felix

Zutaten (für drei Personen): 400 g Zwiebeln, 1 l klare Brühe, 20 g geriebener Käse, etwas gemahlener Kümmel, 1 Tasse gewürfeltes Weißbrot, etwa 50 g Öl oder Margarine, Pfeffer.

Mit etwas mehr als der Hälfte Fett die in Scheiben geschnittenen Zwiebeln in einer Kasserolle dünsten, bis sie gelb oder goldgelb sind; es tut nichts, wenn eine Scheibe braun wird. Inzwischen wird die Brühe zum Kochen gebracht. Brühe aus Paste oder Körnchen genügt und macht weniger Arbeit als Original-Fleischbrühe. Nun kommt die Brühe auf die Zwiebeln. Leicht weichkochen lassen, Käse, Kümmel und Pfeffer nach Geschmack dazugeben. Mit dem restlichen Fett werden die Brotwürfel hellbraun geröstet. Dann kommen die Würfel auf den Teller, und die Suppe kommt auf die Würfel. Nicht sofort essen! (Suppe ist noch zu heiß.)

Filets nach Freund Marcel

500 g Rinder- oder Schweinefilet, 1 Zehe Knoblauch, Pfeffer, Salz, 1 Schnapsglas Rotwein, 40 bis 50 g Margarine, 20 g Butter, 500 bis 750 g

Schoten oder feine grüne Erbsen, etwas feingehacktes Kraut; Kerbel, Kresse oder Petersilie (oder von jedem etwas), weiches Weißbrot.

Margarine *langsam* in der Pfanne erhitzen, diese dabei mit der in der Mitte aufgeschnittenen Knoblauchzehe gründlich ausreiben und auch die in bleistiftdicke Scheiben geschnittenen Filets mit der Knoblauchzehe einreiben. Ich würze die Filets schon vor dem Braten mit Salz und Pfeffer; Sie können das auch nachher tun. Die Fleischscheiben werden bei *kleiner* Hitze von beiden Seiten gebraten, nach einem Weilchen geben sie etwas Saft ab. Wann die Filets gar sind, kann ich Ihnen nicht sagen: ich weiß ja nicht, wie alt Ihre Filets sind und wie sie aussehen. Wenn es soweit ist, nehmen Sie die Pfanne vom Feuer und fügen den Rotwein hinzu. Man kann auch Weißwein nehmen; doch von Sekt oder Bananenlikor würde ich abraten. Die in Butter geschwenkten Schoten oder Erbsen (am besten sind die aus Ungarn oder Bulgarien importierten) werden mit den gehackten Kräutern bestreut. Und tun Sie bitte kein Mehl an die Soße – schließlich essen Sie ja Weißbrot dazu.

Den restlichen Rotwein können Sie auch anbieten. Oder hatten Sie wirklich nur ein Schnapsglas voll gekauft?

Quarkspeiserich

Der Quarkspeiserich heißt so, wie er heißt, weil er männlichen Geschlechts ist, nicht weiblichen wie die Quarkspeise.

Der Quark wird in diesem Falle angerichtet mit etwas Joghurt, Öl, feingehackter Zwiebel, je einem Schuß Worcester-Soße, Bino-Würze, Angostura-Bitter. Dann kommen noch hinein ein Teelöffel Tomatenketchup und ein Teelöffel Mostrich.

Nun rühren Sie alles so lange durch, bis Sie vor lauter Erschöpfung umfallen; daher empfiehlt sich die Benutzung eines Mixers.

Obendrauf legt meine Frau Salzbrezeln, Tomatenscheiben und (falls vorhanden) Essiggürkchen. Meine Frau besteht nämlich auch bei der Herstellung von Menüs immer darauf, mir die schwerste Arbeit abzunehmen.

Gruß an Gisela Birkemeyer

Die Sprinterin Gisela Köhler-Birkemeyer war jahrelang die populärste Sportlerin der Republik, und heute trainiert sie die schnellen Frauen beim SC Dynamo. Aber nicht nur deshalb gilt Frau Birkemeyer mein Respekt. Mir imponiert auch ihr Rezept für einen Grünkohleintopf, das sie einmal der »Wochenpost« verraten hat:

»Aus Gänseklein, fettem Gänsefleisch oder Kaßler eine Brühe kochen. Grünkohl klein rupfen und mit Kartoffelstückchen in die Brühe geben. Gar kochen lassen und kräftig pfeffern.«

Nun könnte man sagen: Na und?

Das wäre aber töricht. Denn erstens schmeckt dieses Gericht ganz vorzüglich, und zweitens trägt es dazu bei, mit jenen verdammten alten deutschen Hausfrauen-Vorurteilen aufzuräumen, denen zufolge man die überlieferten Zutaten nur in der Art und Weise verwenden kann, darf und soll, in der sie die Oma respektive die alte Tante Paula schon immer verwendet hat. Das ist zwar Unsinn, gilt aber aus unerfindlichen Gründen als goldene Regel. Um bei unserem Beispiel zu bleiben: Grünkohl ist als *Beilage* auf die Welt gekommen, und dabei muß es bleiben; es ist ein Naturgesetz, daß Grünkohl für nichts anderes genommen werden darf. Wer dagegen verstößt, vergeht sich wenn nicht schon gegen die Götter, so doch gegen die gute alte Tante Paula, welche daraufhin beginnt, im Grabe zu rotieren.

Von mir aus soll sie! Ein bißchen Bewegung ist ja immer gesund.

Mariannes Buletten-Trick

Es gibt sehr viele Arten, Buletten zuzubereiten. HO-Kioske bieten Exemplare von besonders fester Konsistenz an, die mit Zement gebunden worden sind, und mein guter Onkel Heinz erzeugt in der Pfanne eigenhändig gebratene Krümel, weil er Fleisch und geriebene Semmel im Verhältnis von 1:4 zu mischen pflegt. Man kann Buletten rund, dreieckig, viereckig und oval formen, und es lassen sich dabei auch Reste von Leberwurst, Fleischpaste und notfalls von Brathering verarbeiten. Der Zusatz von Brathering kann allerdings vom Verfasser dieses Buches nicht empfohlen werden; die Gäste würden den Brathering riechen und fischig im Zimmer umherblicken.

Wegen eines Buletten-Rezepts habe ich schon mal eine halbe Stunde schwitzend und unter Atemnot in einem Besenschrank verbracht, und es hat mich nicht gereut.

Besenschränke sind im allgemeinen nur Aufenthaltsorte für Lustspielfiguren oder Kino-Geheimagenten, abgesehen natürlich von Besen. Ich gehöre zu keiner der drei Gruppen — allein, was tut unsereiner nicht alles für ein delikates Bulettenrezept!

Unsere Freundin Marianne hat eine unschätzbare Eigenschaft: sie kocht erstklassig. Sie hat auch eine weniger schätzenswerte Eigenschaft: sie verrät keine Rezepte. Und als sie wieder einmal ihre allgemein beliebten Buletten machen wollte, schlich ich mich kurz zuvor entschlossen in die Küche und nahm Platz im Besenschrank, dessen Tür ich in Augenhöhe unauffällig durchbohrt hatte. Nun konnte mir das Geheimnis nicht länger verborgen bleiben.

Nun — das Geheimnis war genaugenommen nichts weniger als ein Geheimnis. Das Geheimnis war Käse. Marianne knetete den Teig aus den üblichen Zutaten, sie formte die Buletten, wie man Buletten üblicherweise formt — aber in die Mitte einer jeden Bulette deponierte die Küchenkünstlerin ein Stückchen Schnittkäse, etwa so groß wie ein Bonbon.

Beim Braten schmilzt der Käse in der Bulette und gibt ihr ein schwer zu beschreibendes Aroma, eine milde und abgerundete Würze von ganz eigener

Art. (Sie dürfen nicht etwa denken, daß diese Buletten nach Käse schmecken. Sie schmecken nach mehr.)

Mariannes Buletten sind so pikant, daß sie auch einem Manne die volle Lebensfreude wiedergeben, der soeben eine halbe Stunde lang im Besenschrank zugebracht hat.

Männer und Kinder

Im echten Manne ist ein Kind versteckt;
das will kochen.

Frei nach einem
sächsischen Philosophen

Wohin rollt ihr, Äpfelchen?

Über Rosen läßt sich dichten,
In die Äpfel muß man beißen.
Goethe (Faust)

Unser Nachbar, der Rentner Kasselkamm, sammelt seit 1921 praktische gärtnerische Erfahrungen und ist überdies vieljähriger Abonnent der lehrreichen Zeitschrift »Gartenzucht und Kleintierbau«. Infolgedessen stehe ich ständig im Kreuzfeuer Kasselkammscher Ratschläge und dringender Empfehlungen, um die ich nicht gebeten habe; aber der Nachbar ist ebenso schwerhörig wie mitteilsam, eine Art von Radio ohne »Aus«-Taste. Da ist guter Rat billig.

Im vorigen Jahr drohte mir der kundige Kleinsiedler: »Wenn Sie nicht sofort etwas mit Ihren Obstbäumen unternehmen, werden Sie an denen niemals mehr Freude haben.«

»Ja«, sagte ich. Doch ich bin kein Unternehmer, und so unternahm ich nichts. Ich ließ sozusagen meinem Temperament freien Lauf, aber es wollte nicht laufen.

Nun liegt der arme Kesselkamm krank im Bett und läßt sich von seiner Schwiegertochter, die nichts so verabscheut wie den Geruch von Alkohol, seinen Rentnerrücken mit Franzbranntwein einreiben, damit der Schmerz nachläßt.

Es ist ihm nämlich ein von Äpfeln übermäßig belasteter Ast aufs Kreuz gestürzt. Der Ast gehörte zu unseren sechsunddreißig Obstbäumen, an denen wir, weil wir nicht sofort etwas unternommen hatten, niemals mehr Freude haben werden.

Die sogenannte Obstschwemme, die im letzten Sommer bekanntlich die hiesigen Gärten, Märkte, Läden, Küchen und Keller überflutete, stellte uns vor die Frage, wie eine vierköpfige Familie, die keine eigene Obsthandlung führt, einhundertvierundvierzig Zentner Äpfel, Birnen und Pflaumen verwerten könne. Meine Frau, die sehr praktisch veranlagt ist und alle Probleme des täglichen Lebens spielend löst, jedenfalls theoretisch, gab folgendes Programm bekannt: »Du als Mann brauchst nun wirklich auch nicht immer *nur* herumzusitzen. Du sammelst das Obst auf beziehungsweise pflückst es ab, sortiertst die schlechten Früchte aus, gräbst sie ein, und die guten ordnest du in die Obsthorden, die auf dem Boden stehen. Dann hat die Familie Vitamine für Herbst und Winter.«

»Ja, ja«, sagte ich, »dann haben wir sechsunddreißig Zentner Vitamine pro Nase. Das dürfte fürs erste genügen.«

»Seit wann braucht man Vitamine für die Nase?« fragte unsere Tochter, die sich manchmal sehr lustig vorkommt.

»Aus Obst kann man alles machen«, erklärte meine Frau. »Kompott, Obstkuchen, Most, Marmelade, Konfitüre, Gelee, Obstsuppe, Trockenobst und so weiter.«

»Und Obstgulasch«, sagte ich, »nicht zu vergessen die beliebten Früchtewürfel. Dazu brauchen wir allerdings eine Spezialpresse sowie ein Apothekerbuch. Und ich würde ein volles Jahr benötigen, um das ganze Obst aufzusammeln. Daraus wird nichts; soviel Freizeit habe ich gar nicht. Es wäre doch gelacht, wenn wir nicht Dutzende von Interessenten auftreiben könnten, die uns wenigstens einen Teil dieser Obstmassen abnehmen. Ich werde mal bei den Leuten in unserer Straße fragen.«

Frau Hose hörte sich meine Frage geduldig an und stellte mir dann drei Eimer voller Äpfel vor die Zehenspitzen. Herr und Frau Klacke (»Salon Klacke — stets die mod. Fris.«) wurden von einem Lachanfall geschüttelt, was sage ich, förmlich zerrissen; Herr Klacke erlitt dabei eine Kieferverrenkung, die es ihm noch heute nicht gestattet, beim Haareschneiden mit seinen Kunden zu reden. Und Borstensen, als ich noch nicht zu Ende gesprochen hatte, entriß seinem Sohn das Katapult, um mich mit überreifen Pflaumen zu beschießen. Einzig der alte Herr Hradetzki versprach mir mürrisch, in seinem Bekanntenkreis für meine Äpfel zu werben.

Zunächst aber kam niemand. Wir ernährten uns ungefähr zwei Wochen lang fast ausschließlich von Obst, bis ich seltsame Träume hatte, dergestalt, ich sei der Apfel, der nicht weit vom Stamm fällt, beziehungsweise eine ehrbare Birne.

Dann erschien ein Mann und sagte: »Wo sind die Äpfel?« Stumm wies ich auf die Bäume. »Was – nicht gepflückt? Unverschämtheit.« Er machte sich aber trotzdem an die Ernte; erst nach seinem Fortgang bemerkten wir, daß er der Einfachheit halber zwei Bäume umgesägt hatte. Der nächste Interessent stellte sich als Schwager des Holzfällers vor und lieh sich drei große Körbe aus, auf deren Rückgabe wir noch heute warten.

»Was brummst du denn?« fragte meine Frau. »Nun hast du doch deinen Willen und kannst dich ungestört deiner Arbeit widmen, die offenbar darin besteht, mit den Händen in der Tasche vor der Schreibmaschine zu sitzen und melancholisch auf die Tapete zu starren!«

In diesem Augenblick riß jener Familienvater, der mit seinen drei Söhnen gerade bei uns erntete, die Tür auf und schrie: »Harry muß mal! Wo?« Indes, Harry hatte schon in die Hosen gemacht, die meine Frau sofort auswusch und zum Trocknen aufhängte. »Wo ist denn dieser Knabe Harry?« fragte ich später. »Er sitzt in deinem Bett«, antwortete meine Frau, »das Kind erkältet sich doch sonst.« Harrys Vater fand allerdings, sein Herr Sohn habe sich trotz des Aufenthalts in meinem Bett einen Katarrh zugezogen; das hätte *er* nun von seiner Hilfsbereitschaft. Dann griff er zu unserem Telefon, um einen Arzt herbeizuzitieren, der aber nicht kommen wollte, so daß Harrys Vater nacheinander noch seine Frau, seinen Bruder, seinen Stiefbruder, seine Kusine und das Deutsche Rote Kreuz anrufen mußte, um allen mitzuteilen, daß der Arzt nicht kommen wollte oder konnte. So verging meine Zeit, die auf Erden mir gegeben war.

Der Holzfäller, sein Schwager und Harrys Vater trieben – das muß ich anerkennen – eine bemerkenswerte Mundpropaganda für unser Obst, jeden Tag kamen mehr Leute mit immer größeren Körben, Rucksäcken und Handwagen; ein gewisser Schnorrnickl fuhr im Güter-Taxi vor. Sieht man davon ab, daß die meisten Obstholer Kaffee oder Bier erbaten, daß sie zuweilen in Streit gerieten, den ich zu schlichten hatte, daß zwei Männer vom Baum fielen und mit Recht von mir Erste Hilfe sowie Schadenersatz verlangten, daß der Hund einer alten Dame in unsere nicht vorschriftsmäßig abgedeckte Sickergrube stürzte (aus der ich ihn eigenhändig herausfischen mußte), daß die Vitamin-Freunde sich während der häufigen Regenfälle bei fröhlichem Kartenspiel in unserer Stube die Zeit vertrieben, daß unsere Tochter von einer kranken Katze gebissen wurde, welche eine Frau Julay in ihrer Einkaufstasche mit sich führte (ich brachte die Tochter ins Krankenhaus und die Katze zum Tierarzt, und der fand, wenn einer die Tollwut hätte, so wäre ich das) – sieht man von diesen kleinen Episoden ab, die den Alltag so interessant machen, so hatte ich endlich, was ich lange ersehnt hatte: Zeit und Muße für meine Arbeit.

Als meine Schwiergereltern aus dem Urlaub zurückkamen, wollte Schwiegermama, was seit langem verabredet war, jenen phantastischen teppichgroßen Super-Obstkuchen backen, von dem wir alle so lange geträumt hatten. Im Garten freilich fand sich kein einziger Apfel mehr, und so eilte ich zu der großen Obst- und Gemüsehandlung mitten in unserer Siedlung, um dort 2,5 kg Äpfel käuflich zu erwerben.

Als ich den Laden verließ, hörte ich, wie eine Frau laut und deutlich vor der versammelten Käuferschaft erklärte: »Nun seht euch bloß diesen Kerl an! Der hat tonnenweise Obst im Garten und kauft sich hier welches. Wahrscheinlich ist er zum Abpflücken zu faul. Das ist ja wohl der Gipfel! Der scheint vor lauter Geld zu stinken.«

Ich bin nicht ganz sicher – aber ich glaube, es war die Stimme der Gattin von Harrys Vater.

Die Speisekammer eines Junggesellen

Die Speisekammer eines Junggesellen kann unter gewissen Umständen sehr klein und sehr spärlich bestückt sein. Natürlich kann ich für ihren Inhalt keine allgemeinen Vorschriften machen, und ich will das auch nicht. Mein Schneider, ein Amateur-Aphoristiker von Graden, pflegt zu sagen: »Der Mensch ist halt verschieden.« Und das gilt sinngemäß natürlich auch vom Junggesellen. Mit anderen Worten: einer ist ein Schlemmer, und der andere lebt als Asket, was bei Junggesellen meistens deshalb der Fall ist, weil sie zur Zubereitung von Speisen beziehungsweise zum Essen selbst von Natur aus zu faul sind.

In meiner Jugend war ich mit dem auch heute noch nicht vergessenen kulturellen Redakteur W. Andrösel befreundet, welcher aus verschiedenen Gründen, deren Erörterung hier ganz sicher nicht hergehört, die Ehe scheute, indessen immer ein sogenanntes gutes Leben schätzte. Essen und Trinken haben auch bei meinem Freund Leib und Seele zusammengehalten, obwohl ich eigentlich nicht von Leib sprechen möchte, weil A. sehr dünn war, und was seine Seele betrifft, so kenne ich mich da nicht aus.

Eines Tages lud mich Andrösel in sein Junggesellenheim ein, um mit mir über philosophische Fragen zu diskutieren. Es wurde eine sehr interessante Debatte, soweit es sich um Andrösels Beiträge handelte, während ich mich wegen einer philosophischen Impotenz nur mit gelegentlichen Einwürfen wie »Aha, soso« oder »Nu kuck ma an« beteiligen konnte.

Als sich der Abend neigte, sagte mein Freund: »Vielleicht willste was essen? Ich weiß ja nu nich, wie du das so hältst um diese Zeit.«

Ich spürte einen gewissen Appetit und war so rücksichtslos, meinem Freund diesen Umstand anzudeuten. Daraufhin deutete er, und zwar auf seine Speisekammer, die sich im Zwischenraum des Doppelfensters befand. Die Speisekammer enthielt eine Tüte mit sechs Brühwürfeln sowie eine ganz kleine Dose Gänseleberpastete – etwa vom Umfang eines doppelten Fingerhutes.

»Sonst hab ich momentan nichts im Hause«, sagte Andrösel, »aber das da – das sind auch ganz gute Sachen.«

»Brühst du dir zuweilen so einen Würfel auf?«

»Das ist hier mit dem kochenden Wasser so schwierig«, sagte er, »doch morgens lecke ich manchmal ein bißchen an diesen Würfeln.«

Darauf hatte ich nun nicht solchen besonderen Appetit.

»Und diese Gänseleberpastete?« fragte ich.

»Die ist bestimmt ganz prima. Bestimmt. Ich bin natürlich nicht *absolut* sicher, weil ich sie noch nicht gekostet habe.«

»Ach«, sagte ich, »hast du was gegen Leber?«

»Aber nein. Nur meine Ersparnisse ... sie sind noch nicht so groß ...«

»Das verstehe ich nicht«, sagte ich.

Und Andrösel sagte: »Es ist einfach so, daß ich mir noch keinen Büchsenöffner anschaffen konnte.«

●●●●●

Frage: Mein frischgebackener Schwiegersohn war ganz offensichtlich wenig begeistert, als er gestern bei mir zu Mittag aß. Dabei bin ich – wenn ich das unbescheidenerweise sagen darf – eine beliebte Köchin. Es gab Spiegeleier mit Spinat, den ich mit meiner allgemein gern gegessenen köstlichen Mehlschwitze verfeinert hatte. Was mag seine schlechte Laune verursacht haben?

Antwort: Zu meinem Bedauern kann ich in diesem Falle nur Vermutungen äußern. Haben *Sie* Ihren Schwiegersohn frisch gebacken? Es gibt Männer, die das nicht mögen.

Vielleicht hat Ihrem Herrn Schwiegersohn die Mehlspeise auch nicht gemundet, weil sie so einen gewissen Beigeschmack von Spinat aufwies.

Männer am Herd

Ich kann überhaupt nicht kochen. Leider! – Dabei habe ich mal angefangen, Kochbücher zu sammeln. Es nutzte aber nichts, weil ich die Grundbegriffe nie verstanden habe. »Anschließend ziehe die Brühe mit einem Ei ab.« Man stelle sich das vor.
Werner Klemke

Jemand muß schon dermaßen naiv sein wie meine Tante Erna, um sich ernstlich einbilden zu können, Männer hätten kein Talent zum Kochen. Vorausgesetzt, daß ich ein wenig verallgemeinern darf, möchte ich die ketzerische Behauptung wagen, daß überhaupt nur Männer gut kochen können – und das hat einen sehr einfachen Grund; Männer *müssen* nämlich, wie die durchschnittliche Hausfrau, nicht kochen. Sie gönnen sich den Luxus, die Arbeit am Herd als Liebhaberei zu betreiben.

Bruno Apitz hat einmal über seine vielgerühmten Roulädchen berichtet: »Das sind Rouladen en miniature. Sie sind so lang wie mein kleiner Finger und so dick wie mein Daumen.* Niemand darf in meine Alchimistenküche. Die Düfte, die nach außen dringen, riechen vom Majoran bis zur Knoblauchzehe. Für vier Personen muß ich ungefähr 24 Roulädchen formen. Weil sie so klein sind. Das bedeutet einen Vormittag Küchenarbeit oder eine Manuskriptseite.«

* Wenn ich Roulädchen mache, schließe ich mich ein.

Welche Hausfrau könnte soviel Zeit für die Zubereitung eines warmen Essens aufbringen? Aber welche Hausfrau könnte auch Roulädchen braten, die jene von Bruno Apitz übertreffen?

Es ist natürlich ein offenes Geheimnis, daß kochende Männer die Küchenarbeit nicht annähernd so gut zu *organisieren* vermögen wie Hausfrauen. Ein Mann ist ohne sonderliche Anstrengungen dazu imstande, gelegentlich der Fabrikation einer Pfanne Bratkartoffeln mit Rührei die ganze Küche in eine Art von grauenerregendem Müllplatz zu verwandeln, den selbst routinierte Raumpflegerinnen nur durch tagelange intensive Arbeit wieder einigermaßen in Ordnung bringen können.

Freilich die Speisen, welche Raumpflegerinnen auf den Tisch bringen, sind nur bedingt genießbar. Und ich kann mir in diesem Zusammenhang auch die Bemerkung nicht verkneifen, daß man nie etwas von Chefköchinnen hört. Vielleicht ist es kein Zufall, daß die verantwortlichen Küchenleiter renommierter Hotels, Fluggesellschaften, Ozeandampfer oder Betriebe zumeist Männer sind.

Guter Rat ist billig

Von den fundamentalen Erkenntnissen des Jahrhunderts wird der Zeitungsleser zuweilen geradezu überfallen. Nichts Aphoristisches ahnend, widmet er sich der Lektüre einer Seite mit der Überschrift *»dies und das – für jeden was«*, gerät an die Überschrift »Hausfrauen: Bitte gut merken«, und da werden unversehens die Schleusen aufgerissen; praktische Lebensweisheit strömt mächtig hervor.

»Auch die beste Hausfrau verdirbt sich bei dem Ehemann die Chancen, wenn sie selbst seine Lieblingsspeise immer genau nach dem gleichen Rezept mit gleichen Gewürzen herstellt. Es führt zu einer Geschmacksabstumpfung, und die vor Jahren so beliebte Speise wird abgelehnt. Deshalb, liebe Hausfrauen, jedes Gericht täglich um eine Geschmacks-Variante verändern.«

Leider werden keine konkreten Rezeptbeispiele angeführt. Da muß sich die Hausfrau selber etwas einfallen lassen, damit sie sich bei dem Ehemann nicht die Chancen verdirbt. Dann wird er die vor Jahren so beliebte Speise nicht ablehnen, sondern erfreut ausrufen: »Du hast ja das Eisbein um eine Geschmacks-Variante verändert – wunderbar! Mit holländischer Soße führt es keineswegs zu einer Geschmacksabstumpfung. Ich würde dich lediglich darum bitten, die Zucker- und Zimt-Variante morgen beim Kaßler-Kotelett ein wenig zu verändern. Wie wäre es mit etwas zerdrücktem Knoblauch in Bienenhonig?« Kurzum: so käme Freude ins Haus. Es gibt aber noch einen anderen wichtigen Gesichtspunkt:

»Auch das Auge ißt mit. Decken Sie den Tisch freundlich, stellen Sie Blumen darauf und garnieren Sie die Speisen mit Petersilie, Zitronenscheiben, Kräutern oder ähnlichem.«

Endlich erfährt die Hausfrau, wie sie es machen soll. Das *mußte* einmal mit aller Deutlichkeit ausgesprochen werden. Wir wollen uns doch nichts vormachen. Wie viele Irrtümer hat es in dieser Beziehung bisher gegeben! Manche Hausfrau stellte die Blumen unter den Tisch, oft wurde die Tischdecke mit Zitronenscheiben und der Ehemann mit Petersilie oder ähnlichem garniert, und mancher Gatte leidet angesichts des vor Jahren so beliebten Tisches an Geschmacksabstumpfung, weil die Hausfrau diesen mit einer grimmig aussehenden Decke unfreundlich deckt. *Die* Zeiten sind nun glücklicherweise vorbei. Solange es in hinreichender Menge Petersilie oder ähnliches gibt, dürfte die Zahl der Ehescheidungen auf ein Mindestmaß herabsinken.

Frage: Unser Sohnimatz mag seit einigen Tagen seine Babysan-Flasche trotz allen guten Zuredens nicht mehr nehmen. Wir stehen vor einem Rätsel. Das Pulver war ganz frisch, und wir haben es wie immer zubereitet. Dennoch will der Sohni nicht trinken. Was kann man da tun?

Antwort: Das ist schwer zu sagen. Möglicherweise spielt Sohnimatzens Alter in der Angelegenheit eine Rolle. Sollte er bereits zur Schule gehen, so könnten Sie ihm getrost einmal eine Tasse Tee anbieten. Falls er schon verheiratet ist, würde ich es mal mit einer Flasche Bier versuchen.

Das Reinigen von Kindern

Durchschnittliche Kinder verfügen über ein bemerkenswertes Talent, sich schmutzig zu machen; aber von einem Kind, das auch imstande ist, sich ohne ganz heißes Wasser, scharfe Drohungen der Eltern und Terpentinöl selber zu reinigen, hat man bisher noch nie etwas gehört.

Die moderne Technik, welche unseren Haushalten so unentbehrliche Geräte wie den elektrischen Brotschneider beschert hat, der sich vermutlich in Familien von achtzig und mehr Köpfen amortisieren dürfte, hat leider noch keine Waschmaschine entwickelt, die sich zum Waschen von Kindern eignet.

Ich möchte nicht mißverstanden werden. Mein Stoßseufzer ist nicht der Stoßseufzer eines Unmenschen, der in Ruhe mit ansehen könnte, wie die lieben Kleinen in einer mit heißem Wasser gefüllten Trommel so lange rotieren, bis ihre Haut all diese Tinte und all diesen Ofenruß abgestoßen hat. Andererseits bin ich auch kein Erfinder und kann demzufolge mit konkreten Vorschlägen, wie eine Waschmaschine für Kinder beschaffen sein müßte, nicht aufwarten. Nur eines ist klar: so einfach zu bauen wie ein Atomreaktor wäre so ein Ding natürlich nicht, denn ein Kind ist mit seinem Dreck intensiver verbunden als die Materie in ihren einzelnen Teilchen. Ebendeshalb und weil allein mit Bimsstein auch nicht alle Probleme gelöst werden können, sollten die Wissenschaftler ein Gerät konstruieren, welches Kinder automatisch reinigt.

Praktizisten werden hierauf erwidern, es gäbe immerhin Waschmaschinen, mit denen man Socken, Hemden, Handtücher und solche Sachen leidlich reinigen könnte, und die Zeit, welche man mit Hilfe jener Geräte spart, ließe sich ohne weiteres auf das Reinigen von Kindern verwenden.

Das mag im großen und ganzen richtig sein. Aber ich würde lieber meine Socken mit der Hand* und die Kinder in der Maschine waschen, weil da ein für den Nervenzustand des durchschnittlichen Erwachsenen wesentlicher Unterschied besteht: Socken machen, wenn man sie mit Wasser und Seife säubert, nicht annähernd soviel Theater wie Kinder.

* Sie halten dann auch länger.

●●●●●

Frage: Unser Kleinkind schläft seit einiger Zeit immer so schwer ein. Daher geben wir ihm seit einiger Zeit auf Empfehlung meines Vetters Siegfried jeden Abend ein paar Stückchen Würfelzucker, die mit Kognak getränkt sind. Ob das gesund ist?

Antwort: Nein. Der Zucker schadet den Zähnchen.

Alles über die Lurche

Die Neigungen des Kindes richten sich, wie ich in unserem Falle leider konstatieren muß, nicht ausdrücklich auf den Erwerb nützlicher Allgemeinbildung, wie sie etwa die Umwandlung des Rauminhalts der Hohlmaße von Litern in Milliliter darstellt.

Dabei zeigt das Kind zuweilen schon die Reife eines erwachsenen Menschen. Denn wie dieser geht es abends genauso ungern ins Bett, wie es morgens aufsteht. Gegen neunzehn Uhr setze ich eine Miene auf, von der ich mir einbilde, daß sie Leuten eignet, welche noch im Schlaf Auskunft darüber geben könnten, wie viele Milliliter ein Hektoliter enthält, und frage mit strenger Milde: »Nun sage mir mal, wie viele Milliliter ein halber Liter enthält!«

Antwort: »Na, det weeß ick doch. Det ham wir ja schon die halbe Woche in Mathe jeübt. Jetzt möcht ick jerne Fernseh kieken.«

»Das viele Fernsehen macht dich bloß nervös. Also — wie viele Milliliter sind in einem halben Liter enthalten? Na? Wirds bald?«

Nach einem dumpfen Schweigen, das jeden Vater beunruhigen würde, hellen sich die Gesichtszüge des Kindes auf, und der freudige Ausruf ertönt: »Mann, is heute nich noch ma der Film, äh, über den Mann, äh, der Schellack Hommes jewesen war?«

»Das kann dir völlig Wurscht sein«, antworte ich, »denn du mußt sowieso gleich schlafen gehen, und ich will jetzt wissen ...«

»Ich hab aber noch Durst!«

Daraufhin verweise ich das Kind zwecks eigenhändiger Zubereitung eines Cocktails aus Orangensirup und Leitungswasser in die Küche. Nach zehn Minuten marschiere ich auch in die Küche, um das Milliliter-Problem endgültig und für alle Beteiligten zufriedenstellend zu klären. In der Küche herrscht eine Riesenschweinerei; wo nicht Sirup klebt, breiten sich gewaltige Wasserpfützen aus, deren Inhalt man, wie ich schätze, nur nach Hektolitern messen kann. Auf meine erneut vorgebrachte Frage wird mir die Antwort zuteil, ein halber Liter setze sich aus fünf Millilitern zusammen. Ich breche in ein wildes Hohngelächter aus, kläre das Kind darüber auf, daß es sich in diesem Falle nicht um fünf, sondern um fünfzig Milliliter handle.

»Höhöhö!« kreischt das Kind. »Von wejen fuffzich! Een halber Liter hat nämlich fünfhundert Milliliter! Siehste! Du hast es ooch nich jewußt.«

»Ich hab mich versprochen.«

»Schön wärs ja«, findet das Kind. Und weil es damit recht hat, wird es von mir ins Bett gescheucht, und zwar mit der Begründung, es brauche jetzt unbedingt seine Ruhe, und ich müsse jetzt unbedingt noch arbeiten. Natürlich will ich nicht arbeiten, sondern fernsehen, aber ohne gewisse Zwecklügen ist die ganze Pädagogik ja nicht denkbar. Nach dem obligatorischen Gute-Nacht-Plauder-Viertelstündchen schlurfe ich erschöpft ins Wohnzimmer, werfe den Fernseher an und warte der Dinge, die da kommen sollen. Ich meine damit nicht die Dinge, die im Fernsehprogramm kommen sollen. Was *da* kommt, kann ich mir schon denken. Ich warte auf die Einfälle, die das Kind nun haben wird, um mich vom Sessel zu locken und in neue Gespräche zu verwickeln.

Und schon gehts los.

»Papi! Ick wollte dir noch wat erzähln.«

Da kann man nichts machen, da muß man hingehen und zuhören.

»Weeßte, wat wir heute in Bio jehabt ham?« Ich weiß es natürlich nicht.

»Lurche. Lurche ham wir jehabt. Lurche sind, äh, Wirbeltiere, die ham so Knorpel statt Knochen, also ick meine, Knochen ham sie schon, aber die sind ehmt wie Knorpel.«

»Na wunderbar. Jetzt mußt du aber schlafen. Gute Nacht, mein Liebling!«

»Schlaf auch schön!«

Und wieder pflanze ich mich vor dem Fernsehapparat auf. Auf dem Bildschirm sieht man einen Mann, der an einem Tisch sitzt und so tut, als fiele ihm das, was er von einem verborgenen Zettel abliest, gerade in diesem Moment ein, und dann steht nichts mehr auf seinem Zettel, und er atmet genauso hörbar auf wie sein Publikum, ich rechne mit einem spannenden Kriminalfilm …

»Papi! Kannste nich noch ma kommen? Ick hab noch wat Wichtijet zu erzähln!«

Ich bin kein Raben-Papi, eile ans Bett des Kindes und erfahre folgende Neuigkeit: »Wenn die Lurche – dis hat uns unsa Bio-Lehrer erzählt – noch

Masken sind, äh, also Larven, denn atmen sie durch Kiemen wie Heringe und so weiter, aber später kriejen sie richtije Lungen und können auch mittels der Haut Luft einatmen. Doll, wa?«

Ich finde den Umstand außerordentlich toll, wünsche aber, daß erstens das Kind sich einem erquickenden Schlaf hingibt und zweitens ich endlich die unvergleichlichen Wonnen genießen darf, die etwa das Ratespiel »Sind Sie sicher?« einem schlichten Menschen wie mir zu vermitteln vermag.

Indes ein bejahrter Kulturfilm flackert über die Mattscheibe und überrascht sein Publikum mit dem Hinweis darauf, daß es in Afrika Elefanten und überhaupt allerlei Tiere gibt, welche man vom Auto aus fotografieren kann, und ich denke mir: Ja, dort müßte man auch mal ...

»Papi, Papi!« Verflucht, aber auch zugenäht. Ich schlurfe zur ruhelosen Ruhestatt des Kindes, wo mir mitgeteilt wird, daß bei den Frosch-Lurchen die Eier einzeln oder als Laichklumpen beziehungsweise Laichschnüre abgelegt und dann von den jeweiligen Männchen besamt werden und so weiter, was ich fabelhaft interessant finde. »Ganz großartig, mein Schätzchen! Aber nun sollst du ganz süß und ruhig schlafen. Papi muß noch fleißig sein!«

Der Kulturfilm ist mittlerweile zu meinem allergrößten Bedauern abgespult worden. Nun wird das Programm »Schlager für dich« vorgeführt, aber ich kann mir beim besten Willen nicht vorstellen, daß es sich ausgerechnet um Schlager speziell für mich handelt, obwohl ich diese eine kleine Dicke, die nichts dafür kann, daß es ihr nun mal schmeckt, in gewisser Beziehung sympa ...

Da ertönt wieder der Weckruf des Kindes, welches nicht schlafen, sondern mir verraten will, daß es etwa zweitausend Arten von Lurchen gibt – eine Information, nach der ich mich schon lange gesehnt habe. Nach neuerlicher Verabschiedung schlafe ich vor dem Fernsehapparat ein, und das Kind tut, wie ich hoffe, in seinem Bett desgleichen.

Am nächsten Morgen bringe ich beim Frühstück sogleich wieder die Liter-Milliliter-Proportion ins Gespräch und muß zu meinem Schrecken hören, daß hundert Milliliter einen Liter ergeben. Ist unser Kind ein Geschöpf, das es niemals begreifen wird? Man wird mit ihm noch hart arbeiten müssen; die überlasteten Lehrer allein können das sicherlich nicht schaffen.

Mittags hole ich das Kind, um etwa geplantes Herumstreunen zu vermeiden, vor der Schule ab. Noch hat es mich nicht erblickt; da läßt es sich lautstark zu seinen Gefährten vernehmen: »Mein Oller spielt sich vielleicht uff mit seine Milliliter, kann ick euch sagen! Als wenn einen *dis* was nützt! Aba gloobt ihr, der weeß, wo die Kaulquappe ihre Kiemen kriegt? Keene Ahnung hat der Mann!«

Verstohlen schleiche ich nach Hause.

Wie hüpft der Bauer?

Dank des Grammophons, das mein seliger Großvater besaß und infolge einer außergewöhnlichen technischen Begabung zuweilen auch in Betrieb zu setzen wußte, erfuhr ich bereits im zarten Knabenalter, was die Mädchen im Lenz tun: »Veronika, der Lenz ist da – die Mädchen singen trallala!« Später wurde mir allerdings klar, daß diese Vorliebe der Mädchen nicht unbedingt an den Lenz gebunden ist.

Wie dem auch sei, aus den Texten populärer Lieder kann man manches lernen, zumindest aber allerlei Anregungen empfangen, die zum Nachdenken anregen. Ein beliebter Wiener Künstler stellte seinem Publikum vor Jahren die gesungene Frage: »Wer tickt opp mit der Optikerstochter, wenn der Optikermeister seine Oppen tickt?« Ja – wer? Bis heute bin ich nicht dahintergekommen, aber noch liegt die Hälfte des Lebens vor mir, und ich hoffe, der Optikerstochter und ihrem Oppenticker noch auf die Schliche zu kommen.

Der durchschnittliche Erwachsene ist im allgemeinen moralisch so weit gefestigt, daß ihn auch ausgefallene Liedertexte seelich nicht schädigen können. Anders verhält es sich bei Kindern. Ich will gar nicht davon reden, daß sie die Schlagertexte im wörtlichen Sinne oft nicht verstehen und ihre Umgebung daher mit recht eigenwilligen Vorträgen zu erfreuen suchen – etwa mit »Möbel, du fliegst in die Heimat« oder »Milieu, Milieu, Sie sind ja so legant«, was unsere Tochter wochenlang trällerte, bis ich ihr endlich klarmachen konnte, was denn ein *charmanter Monsieur* sei.

Wie ist es nun aber beim Klein- und Vorschulkind? Wer singt ihm etwas? Und wie hört sich das an?

Das entsprechende Repertoire beginnt, soweit ich mich erinnere, allemal mit dem obligaten Hoppe-Hoppe-Reiter, welcher beim unvermeidlichen Fall sogleich zu schreien anfängt, sofern er nicht schon vorher im Graben von den Raben gefressen worden ist. Bei Vorträgen solcher Art kann der kleine Mensch etwas lernen; die Raben sind gefährlich, weil sie Reiter fressen, und dies speziell in Gräben. Als mir meine Oma solche Warnung auf den Lebensweg mitgab, beschloß ich, sicherheitshalber niemals Reiter zu werden, und dies ist wohl der einzige Vorsatz, dem ich mein ganzes Leben lang treu geblieben bin. Damit möchte ich natürlich nichts gegen den Reitsport schlechthin sagen; die Reiter können ja, wenn sie wollen, auch in den Sumpf fallen, wo sie lediglich »Plumps« machen, was noch keinem Reiter geschadet hat.

Eine der uns familiär verbundenen Omas hat nun (offenbar um dem überlebten Hoppe-Hoppe-Reiter etwas grundsätzlich Neues gegenüberzustellen) dem auf ihren Knien hüpfenden Söhnchen folgendes dargeboten: »So fahren die Damen, / so reiten die Herren, / so hüpft der Bauer / zum Tor hinaus!« Hier wird (kein Mensch weiß warum) der Hoppe-Reiter durch den Hüpfe-Bauer ersetzt. Daß ein Reiter hoppelt, wenn auch nicht gerade wie ein Feld-

hase, läßt sich mit einer gewissen Großzügigkeit der Betrachtung noch zugeben; indes einen hüpfenden *Bauern* habe ich noch niemals gesehen. (Wahrscheinlich hat man zuwenig Ahnung von landwirtschaftlichen Problemen.) Auch in den agrodramatischen Werken unserer Fernsehdichter waren wohl Bauern in mancherlei Arten von Fortbewegung zu beobachten – niemals jedoch beim Hüpfen. Warum in Teufels Namen sollte ein Bauer zum Tor hinaus hüpfen? Er könnte ja wie jeder andere Mensch einfach hinausgehen oder, falls er es besonders eilig hat, zur Versammlung zu kommen, hinausrennen.

Ich habe lange darüber nachgedacht, warum der Bauer in jenem Liedchen erstens hüpft und zweitens wie er hüpft. Mir kam kein Erleuchtung, so daß ich die singende Oma befragen mußte.

»Um das zu verstehen«, sagte die in mildem Ton, »muß man vermutlich Humor haben. Vielleicht hast du keinen.«

Wahrscheinlich hat sie recht. Und daher blieb mir nichts anderes übrig (da ich doch das Reiten fürchte), als betrübt zu ihrem Tor hinauszuhüpfen.

Außerdem

Liebe Gäste

Ihr naht euch wieder, schwankende Gestalten,
Die früh sich einst dem trüben Blick gezeigt.
Versuch ich wohl, euch diesmal festzuhalten?
Fühl ich mein Herz noch jenem Wahn geneigt?
Goethe (Faust. Zueignung)

Immerzu fragen einen die Leute, ob man dieses oder jenes neue Buch gelesen habe, und meistens muß ich dann verneinen. »Was? Das *mußt* du aber lesen – unbedingt! Wer das nicht gelesen hat, kann überhaupt nicht mitreden.« Das ist ein zwingendes Argument, denn jedermann redet gern überall mit, und ich mache da natürlich keine Ausnahme. Aber *wann* soll ich alle diese Bücher lesen, die man gelesen haben muß? Sie stehen fast alle in unserem Regal, aber es fehlt an Zeit, sie richtig kennenzulernen. Immerhin bin ich Haushaltsvorstand; und das Haus, in dem unser Haushalt Haus hält, verlangt einige Bemühungen, weil es bröckelt. Es ist an und für sich ein gutes Haus, aber es verträgt die rauhe Witterung nicht – ein Haus für den Süden, gewissermaßen. Die Familie steht mir mit Rat und Tat zur Seite, vorzüglich mit Rat. Außerdem muß ich noch für Zeitungen schreiben, und nebenberuflich bin ich sogar Schriftsteller; ferner muß erwähnt werden, daß man mich vor einiger Zeit zum zweiten Vorsitzenden von irgend etwas gemacht hat.

Also hatte ich mir ganz fest vorgenommen, die Osterfeiertage der Lektüre zu widmen. Ohnehin bot mir ein herrlicher Schnupfen die Gelegenheit, mich vor der Gartenarbeit zu drücken. Endlich lesen!

»Werner Holt ging die Trepe hinab, eine Betontreppe zwischen getünchten Wänden, ging unsicher, beinahe schwankend, in der zerschlissenen feldgrauen Montur. Er dachte: Wer ist Schneidereit? Der Gedanke hatte ihn aus dem Bett getrieben: Wer ist Schneidereit? In seinem Kopf mengte sich vieles durcheinander: Gestern, Heute, Gestalten ...«

Da klingelte es. Wer das auch sein mag, dachte ich, der soll mich gefälligst mal nicht am Ostersonntag stören. Vielleicht würde meine Frau die Tür öffnen, vielleicht auch nicht.

»... hatte erzählt, wie sie auf Holt gewartet hatte und unterdessen und seither regelmäßig, und zwar des Mittwochs, des Sonnabends, irgendwo in irgendeiner Organisation mit diesem Schneidereit zusammen gewesen war. Das hatte Gundel selber erzählt. Wer ist Schneidereit?«

In diesem Augenblick brachen sie herein, »nur auf einen Sprung«, wie sie sogleich lauthals und höhnisch erklärten: Pitje Nockheim mit Gemahlin Anita sowie Detlef, beider lulatschiger Sohn. Eigentlich, so wurde verlautbart, wäre es ihre Absicht gewesen, Tante Paula zu besuchen; aber das war natürlich nur eine Ausrede, denn Tante Paula erzählt seit dreißig Jahren die gleichen Geschichten (genaugenommen: die *vier* gleichen Geschichten), und es ist schwer vorstellbar, daß sich jemand, um diese Geschichten zum tausendsten Male anzuhören, auch nur aus dem Sessel erheben, geschweige denn freiwillig zu Tante Paula gehen würde.

Um aber der alten Dame keine Kränkung zuzufügen, hatten sie sie mitgebracht. »So sehe ich doch meinen Neffen noch einmal in meinen alten Tagen«, sagte Tante Paula gerührt, »das verdanke ich der guten Anita. Wäre sie nicht zu Besuch nach Berlin gekommen, so hätte mich mein lieber Neffe natürlich nicht empfangen. Kannst du dich noch erinnern, mein Lieber, wie du damals in der Laubenkolonie mit Anita Einkriegezeck gespielt hast? Nun seht ihr euch *endlich* mal wieder! Es ist so schön, daß ich das noch erleben kann.«

Meine Frau, die angesichts von unangemeldetem Besuch stets einer eigenartigen Gastfreundschaft-Psychose verfällt, fand es auch ganz wunderschön; allerdings konnte sie es nicht unterlassen, mich in der Küche heimlich zu fragen, ob ich mit Anita wirklich nur Einkriegezeck gespielt hätte.

»Gewiß«, sagte ich, »höchstens noch Murmeln. Du mußt wissen, daß ich damals fünf Jahre alt war.« Das beruhigte sie einigermaßen.

Pitje, kaum dem Badezimmer entschlüpft, das er wegen vorangegangenen Biergenusses dringend hatte aufsuchen müssen, marschierte zunächst blicklos durchs Haus, brummte hin und wieder ausgetüftelte Komplimente wie »Aha, Fenster!« oder »Netter Tisch!« und flezte sich dann in unseren schönsten Sessel, in dem sonst niemand sitzt, weil wir ihn zum Draufsitzen einfach zu schade finden. Ehe Pitje noch zum wiederholten Male mitgeteilt hatte, daß *er* jetzt nur noch moderne Ledersessel besäße und *wie* unerträglich er seit nunmehr einundzwanzig Jahren seine Schwiegermutter fände, stürzte er aufs neue zur Zimmertür hinaus.

Sohn Detlef (lichte Höhe: 1,88 m), derweilen die Bücherschränke nach Kriminalromanen durchsuchend, äußerte sich als Zeitgenosse, der in seiner Heimatstadt Krefeld schon mal einen Buchladen aus weiterer Entfernung gesehen hat, mißfallend über das, was er als das *Literatur-Angebot der Zone* bezeichnete; dann ersuchte er um eine Zigarette. Als ich ihm von den unsrigen anbot, zog er erschrocken sein Etui aus der Tasche. »*Ihr* könnt eure Zigaretten vielleicht rauchen«, sagte er, »ich rauche lieber unsere«, und so geschah es.

Dann riß sein Erzeuger wieder die Stubentür auf und knallte mit dem Ruf »Jetzt kommt Freude ins Haus!« eine Flasche Schnaps auf den Tisch. »So ein ulkiger Zufall«, bemerkte meine Frau mild, »gerade diese Sorte haben wir auch. Im Kühlschrank.«

»Da hab ich sie ja rausgenommen«, erläuterte Pitje und goß sich ein Limonadenglas voll, das er vorsichtshalber gleich aus der Küche mitgebracht hatte. Selbst Tante Paula war verdutzt und *schwieg* — doch nur ein paar Augenblicke lang. Dann aber begann sie mit der Geschichte ihres Hundes, der im Jahre 1946 wegen Staupe getötet werden mußte, und alle Anwesenden rüsteten sich zu einem kleinen Schläfchen. Nur meine Frau ging hinaus, um Kaffee zu kochen. »Ein Imbiß wäre auch nicht schlecht«, rief ihr Pitje noch hinterher, der offenbar seit seiner Abreise von Krefeld nichts gegessen hatte, »damit man den Geschmack von diesem Fusel hier etwas leichter vergessen kann.«

Ganz unvermittelt öffnete Anita ihre Augen und verkündete im Ton einer alternden Tragödin: »Ich heiße Nockheim! Und wenn mir einer sagen kann, warum das so ist, so soll er mit einem Preis belohnt werden.« Wir alle wußten, warum sie Nockheim heißt; das kommt nämlich daher, daß sie vor ungefähr einundzwanzig Jahren Pitje Nockheim geheiratet hat, der damals ein sogenannter stattlicher Mann gewesen sein soll, aber niemand sagte ihr, daß wir das wußten oder gehört hatten, und niemand machte sich irgendwelche Hoffnungen, wegen dieser Angelegenheit mit einem Preis belohnt zu werden.

Ich ahnte wohl, welche Ausmaße die Tragödie oder Tragikomödie einer Frau haben könne, die nach einundzwanzig Jahren entdeckt, daß sie nicht mehr weiß, warum sie eigentlich ihren Mann geheiratet hat; nur blieb es mir nahezu unerfindlich, aus welchem Grunde sie eigens eine Reise angetreten hatte, um diese für die direkt Beteiligten womöglich aufregende, hingegen für die sonstige Öffentlichkeit recht unerhebliche Tatsache hinauszuposaunen.

»Du bist undankbar, mein Junge«, raunte mir Tante Paula zu, »um dir eine Freude zu machen, haben sie extra diesen Krefelder Mostrich mitgebracht.«

»Es ist rührend«, sagte ich, »ich frage mich nur, warum sie niemals früher gekommen sind — sie hätten nicht einmal diesen scheußlichen Mostrich mitbringen müssen.«

»Das verstehst du nicht. Du hast keinen Familiensinn.«

Nun, das verstand ich durchaus. Ich habe tatsächlich keinen Familiensinn.

Um die Sache kurz zu machen: Nockheims blieben bis zum letzten Augenblick — gewissermaßen bis fünf Minuten vor Abfahrt des letzten S-Bahn-Zuges. Den Besuch dieser Kleinbürger auszuwerten, müßte man sich einer kleinbürgerlichen Methode bedienen; man müßte die *Bilanz* der ganzen Sache ziehen. Dies wäre das Ergebnis:

Soll: 1 Schallplatte zerbrochen, 1 geklaut; 4 Flaschen Rotwein und 1 Flasche Schnaps geleert; 2 Kannen Kaffee getrunken, 1 Tasse zerschmettert; 1 Vorratsschrank geplündert; 6 Stunde mächtig angegeben = 6 Stunden gelangweilt; 125 g Zigarettenasche gleichmäßig auf Polstermöbel und Teppiche verteilt; Tante Paula 4× tödlich beleidigt.

Haben: 2 Witze erzählt (davon 1 unverständlich, 1 schon bekannt).

Als die Ostergäste das gastliche Schlachtfeld räumten, blieben wir wie benommen zurück. Der zweite Feiertag diente der Restaurierung der Wohnung, des Inventars und unseres seelischen Gleichgewichts. Als dies so gut oder so schlecht wie möglich besorgt war, legten wir uns nieder und verfielen in einen bleiernen Schlaf.

Dann nahm uns der bekannte Alltag mit seinen Plagen und Mühen wieder gefangen. Noch am Vorabend war ich über Werner Holt, wie er die Treppe hinabging, eine Betontreppe zwischen getünchten Wänden, unsicher, beinahe schwankend, in der zerschlissenen feldgrauen Montur, auf jämmerliche Weise eingeschlafen.

Wie soll ich nun mitreden können, ohne das Buch gelesen zu haben?

Und wer wird mir endlich die Frage beantworten:
Wer ist Schneidereit???
Ich fürchte, das werde ich niemals erfahren.

Seelenqual eines Grammophonophilen

ergoß sich wie ein eiskalter Sturzbach über mich, als ich, der ich seit ungefähr zwanzig Jahren zu meiner und im günstigen Falle auch zur Unterhaltung anderer Leute Schallplatten erklingen lasse, den Aufsatz »Wie behandelt man Schallplatten richtig?« in der Fachzeitschrift las. Was heißt hier überhaupt: *las*? Es handelt sich um ein Traktat, das man studieren, ergründen, erforschen muß. Da hat unsereiner eine Generation lang Platten aufgelegt und dabei fast alles falsch gemacht, weil ihm niemals der Abschnitt über das »Auflegen einer Schallplatte auf den Plattenteller« zu Gesicht gekommen war. Das muß man nämlich folgendermaßen machen: »Die Schallplatte wird mit dem Polyaethylenbeutel aus der Tasche genommen. Mit der linken Hand wird die im Beutel befindliche Platte festgehalten. Mit der rechten Hand wird nun der Beutel so weit zurückgestoßen, bis das Etikett freiliegt. Der Daumen der rechten Hand wird am Außenrand angelegt, und die übrigen Finger unterstützen die Platte im Etikettenteil. Mit der linken Hand wird der Beutel entfernt und abgelegt. Die von der rechten Hand gehaltene Platte wird von der linken Hand am Außenrand unterstützt und so auf den Plattenteller gelegt. Das Eintaschen geschieht in umgekehrter Reihenfolge.« Das hatte ich mir schon gedacht, da zwischen Eintaschen und Austaschen ein gewisser Unterschied besteht. Bloß mit den Händen komme ich nicht zurecht. Warum darf ich denn die im Beutel befindliche Platte, falls es mir gerade einfällt, nicht mit der *rechten* Hand festhalten? Und weshalb, zum Teufel, muß ich mit den übrigen Fingern den Daumen unterstützen? Zudem vermisse ich einen Hinweis darauf, *wie* die Platte auf den Plattenteller gelegt werden soll – senkrecht? Waagerecht? Und was muß man mit dem im Zentrum der von diversen angelegten

Daumen und Fingern unterstützten Platte befindlichen Loch anstellen? Soll man das mit einem Kaugummi zukleben oder zum Zwecke der Befestigung der aus dem Beutel gestoßenen, ausgetaschten Platte dazu benutzen, einen Nagel in den Plattenspieler zu schlagen?

Nischt Jenauet weeß man nich.

Wenn schon etwas fein erläutert wird, so bitte ich darum, daß man mir auch die Details klitzeklein und klitzeklar erklärt. So aber stehe ich da hilflos in der Stube herum, betrachte ratlos meine Unterstützungsfinger und Stoßhände und weiß nicht, wie es weitergehen soll. Was tun?

Ich werde Platten und Plattenspieler verkaufen oder verschenken, nicht ohne dem künftigen Besitzer den bemerkenswerten Aufsatz »Wie behandelt man Schallplatten richtig?« dazuzuliefern.

Denn mein Nachfolger muß unbedingt erfahren, daß »Wasser« auf Schallplatten »Kalkablagerungen hinterläßt«, damit er nicht auf den Einfall kommt, seine Schallplatten in der gefüllten Badewanne aufzubewahren.

●●●●●

Das Schambah-Zepareh-Spiel

Es ist gefährlich, mit einer Frau ins Kino zu gehen, und am allergefährlichsten ist es, mit der eigenen Frau ins Kino zu gehen.

Neulich sahen wir so ein olles Stück Film beziehungsweise (wie jene Kinokritiker zu sagen pflegen, die früher in der Konfektion beschäftigt waren) einen Streifen, in dem gezeigt wird, wie eine Ehe beinahe zu Bruch geht, weil die Frau ihren ständig fleißigen und deshalb nicht immer galanten Mann satt hat. Aus diesem Grund erwägt sie, einem entfernten Verwandten (ich glaube, es handelt sich um einen Vetter), jung, schön und blöd, ihre Gunst und so weiter zu gewähren. Dem Ehemann ist das natürlich nicht recht, denn er überlegt sofort, was *die Leute* dazu sagen könnten; und außerdem kränkt es seine Eitelkeit. Betrogene Ehepartner heucheln zwar mitunter Verständnis, doch schränken sie das meistens mit der Frage ein: Aber ausgerechnet mit *dem*? Ausgerechnet mit *der*?

So auch in jenem Kinostück.

Natürlich will ich nicht die ganze Geschichte wiedererzählen, die ich ohnehin nicht richtig verstanden habe. Nur so viel sei noch gesagt, daß der beinahe betrogene Ehemann unversehens auf die Idee kommt, die eigene Frau wie eine heimliche Geliebte zu behandeln, mit ihr Schönes zu plaudern und sie zu einem ganz feinen Essen im Chambre séparée einzuladen.

An dieser Stelle muß vielleicht für jüngere Leser, die gerade kein Fremdwörterbuch in der Nähe haben, der Begriff »Chambre séparée« erläutert werden. Es handelt sich da um ein »abgesondertes Zimmer«, um einen »Sonderraum in Gaststätten«, in welchem in den alten Zeiten die Angehörigen der herrschenden Klassen unheimlich viel Sekt verbrauchten, um widerspenstige junge Damen einigermaßen spenstig zu machen. Na meinetwegen.

Nach der Vorstellung gingen wir nach Hause, und was sagt meine Frau an der Straßenbahnhaltestelle?

»Mit mir würdeste ja nie in son Schambah Zepare gehn!«

Flugs entgegne ich: »Liebling, mit dir würde ich überall hingehen. Indes, die Zeiten der Chambres séparées sind vom Besen der Geschichte hinweggefegt worden, und heutzutage findet man nicht einmal in den Interhotels solche Stuben, in denen die Besitzenden mit Hilfe erlesener Speisen und Getränke (die in Kino- und Theaterstücken fast immer ungenossen stehenbleiben) um die Gunst junger Damen buhlen, welche sie besitzen wollen; entschuldige bitte den Ausdruck: besitzen!«

»Du findest ja immer eine Ausrede«, sagt sie.

Darauf ich: »Das ist die reine Demagogie! Wir können nach Hause fahren und uns in unser eigenes Chambre séparée setzen; es soll dir an nichts fehlen!«

Meine Frau besteht aber darauf, daß ich den Sekt nur aus ihrem Schuh trinken dürfe.

Ich sage: »Du weißt ganz genau, daß die Brandsohle ein Loch hat. Deine feinen Schuhe können doch gar keinen Sekt mehr halten. Außerdem haben wir nur Rotwein im Keller.«

»Ohne Sekt«, meint sie, »macht mir die ganze Verworfenheit keinen Spaß. Ein Schambah Zepareh ohne Sekt ist wie ein Schweizer Käse ohne Löcher.«

Ich biete an, mit dem Taxi zur nächsten Nachtapotheke oder zu einer noch geöffneten Bar zu fahren, um Sekt herbeizuschaffen. Meine Frau ist dagegen. Sie hat gewisse Erfahrungen mit mir gemacht; wenn ich erst einmal eine Nachtapotheke betreten habe, komme ich so bald nicht wieder heraus.

Liebenswürdigerweise ist meine Frau nun bereit, im »Sonderraum« unserer Wohnung (das heißt also: in unserem Wohnzimmer) etwas Rotwein zu trinken – allerdings aus einem Bierseidel. Wir hatten auch mal ein Rotweinglas, aber das hat der Kater in Ermangelung einer Maus vom Tisch gefegt, und Weingläser sind ja bekanntlich noch empfindlicher als Frauen, Musiker oder Dederonstrümpfe.

»Einen Smoking«, sage ich, »besitze ich nicht, wie dir wahrscheinlich bekannt ist; indes will ich meine dunklen Hosen mit einem grauen Schal gürten. Das könnte einen gewissen Smoking-Effekt erzielen.«

Der Smoking-Effekt war meiner Frau völlig egal. Sie verlangte nach Hummer-Mayonnaise.

»Gut, meine Liebe. Mayonnaise haben wir, und statt Hummers könnten wir einen Hering hineintun. Oder etwas Salami. Oder Nudeln.«

»Ich will aber *Hummer*«, sagt sie, »Hummer ist, wenn man trotzdem lacht. Hummer ist der beste Koch! Laß wenigstens eine Selters kommen!«

Ich rufe: »Garçon! Selters!« Er kommt aber nicht. Das liegt daran, daß in unserer Wohnung kein Séparée-Kellner beschäftigt ist. Demzufolge muß ich mich selbst auf den Weg machen, um die Selters aus dem Keller zu holen. Es ist aber keine im Keller. Es sind bloß Kohlen da, Kartoffeln, Brennholz, Knüllpapier, mein kaputtes Fahrrad und sonstiger Kram, den man als galanter Herr einer Dame im Chambre séparée nicht so ohne weiteres anbieten kann. Kundig, wie ich bin, erzeuge ich in unserer Küche unter Zuhilfenahme von Natronpulver, Essig, Zucker und Leitungswasser ein künstliches Erfrischungsgetränk, das einem Schaumwein gleichkommt. Und welch ein Wunder: Meine Frau trinkt davon! Dennoch besteht sie weiter auf der verdammten Hummer-Mayonnaise.

Ich überlege, ob man zu dieser späten Stunde noch irgendwo Hummer-Mayonnaise auftreiben könne, allein mir kommt kein Einfall. Eine Weile telefoniere ich mit Freunden, mit dem Kundendienst »Wohin in Berlin«, mit dem Wetterbericht und so weiter – doch niemand offeriert mir Hummer-Mayonnaise.

Also begebe ich mich wieder in die Küche, öffne eine Bierflasche, überlege, ob ich deren Inhalt aus einem Glas oder aus meinem Schuh trinken soll, entscheide mich der Einfachheit halber für die Flasche und erwärme auf dem Gasherd den nächstbesten Topf, in welchem ich genießbare Speise vermute. Und siehe da! Es ist Spinat darin. Als Beilage fertige ich rasch ein Spiegelei à la Séparée an und serviere meiner Frau diese ganz und gar einmalige, äußerst raffinierte lukullische Spezialität.

»Hm«, sagt sie, »schmeckt jut.« Das enttäuscht mich etwas, denn in den Chambre-Séparée-Kinostücken reden die Damen immer ganz anders.

»Was heißt denn hier: *schmeckt jut*? Das schmeckt nich jut, sondern allenfalls formidabel oder allabonnöhr oder kommßih-kommßah, verstehste?«

Aber da ist es schon zu spät. Sie hat sich nicht nur etwas Rotwein, sondern auch ein bißchen Spinat auf ihr helles Kleid gekleckert.

»Mayonnaise«, sagt sie scharf, »und Sekt hätte man auf einem gelben Kleid überhaupt nicht bemerkt. Aber dieses Zeug ...«

Frauen kann man es nämlich niemals recht machen.

Die anspruchsvolle Gattin

Sie erwartet, daß *er* ihr den Pantoffel bringt und außerdem noch unter diesem steht.

Das Geheimnis einer guten Ehe

Dies ist kein Ehebuch, und sein Verfasser hat natürlich nicht den lächerlichen Ehrgeiz, beispielsweise dem von ihm sehr verehrten Professor Neubert Konkurrenz machen zu wollen. Aber Ehen werden im allgemeinen bekanntlich in einem Haushalt geführt, und gewisse Wechselbeziehungen zwischen Haushalt und Ehe sollte man in ihrer Bedeutung nicht unterschätzen.

Ein hochberühmter Sänger – ich kann mich leider nicht mehr erinnern, ob es Dietrich Fischer-Dieskau war oder Rudolf Schock oder Benno Kusche – hat gegenüber einem Illustrierten-Reporter, der eine Umfrage über die Geheimnisse guter Ehen veranstaltete, einmal eine sehr treffende Bemerkung gemacht. Sinngemäß sagte der Künstler etwa Folgendes: »Wir leben heute sehr glücklich zusammen, aber ich gestehe ganz offen, daß es da am Anfang bestimmte Schwierigkeiten gegeben hat. Meine Frau pflegte, nachdem sie die Zahnpasta aus der Tube gedrückt hatte, die Tube niemals ordentlich zusammenzurollen, und ich habe lange gebraucht, bis sie sich diese Unart abgewöhnte.«

Ehebruch und Lieblosigkeit sind gewiß fürchterliche Sachen, aber man kann seinem Partner auch seelische Grausamkeit zufügen, indem man *niemals* das Marmeladenglas nach dem Gebrauch zuschraubt oder die Zigarettenasche *immer* in eine Streichholzschachtel tut, weil man zu faul ist, einen Aschbecher aus der Küche zu holen. Und es gefährdet auf die Dauer jede Harmonie, wenn ein Mensch den soeben benutzten Waschlappen stets klatschnaß in die Badewanne schmeißt und es seinem lieben Nächsten überläßt, ihn auszuwringen und zum Trocknen aufzuhängen. Mir ist der Fall eines netten und fleißigen jungen Mannes bekannt, der nicht darauf verzichten wollte, bei Tisch mit einem abgebrannten Zündholz in seinen Zähnen herumzustochern; nach vierjähriger, ansonsten glücklicher Ehe ist ihm die Frau weggelaufen.

Kleine Unarten können große tragische Folgen haben – das ist auch in der Ehe so. Für die Lösung der Probleme, die sie schaffen, gibt es vermutlich

keine Patentlösung; zumindest sind mir keine bekannt. Man kann dem anderen und sich selbst jene üblen Sitten entweder abgewöhnen, oder man kann sich mit ihnen abfinden und darf sie dann nicht länger kritisieren — doch dazu bedarf es wohl einer so phantastischen Engelsgeduld, wie sie ein von seinem Haushalt geplagter Mensch normalerweise gar nicht aufbringen kann.

●●●●●

Frage: Wir sind jung verheiratet und werden beim Aufbau unseres Haushalts gewiß noch diesen oder jenen Rat brauchen. Können wir uns in solchen Fällen an Sie wenden? Sie scheinen doch einige Erfahrungen zu haben; zumindest machen Sie den Eindruck, als hätten Sie welche.

Antwort: Was das betrifft, so empfehle ich allen Ratsuchenden, sich immer an jemanden zu wenden, der nicht nur einiges, sondern alles am allerbesten weiß. Ich bin gern bereit, Ihnen die Adresse meiner Schwiegermutter mitzuteilen.

●●●●●

Inhalt